国家自然科学基金青年科学基金（42002193）资助
江苏高校"青蓝工程"资助
徐州工程学院学术著作出版基金资助

煤系致密砂岩润湿性的地质控制作用

宋雪娟　著

U0337674

中国矿业大学出版社

·徐州·

内 容 简 介

随着开采技术的发展,煤系致密砂岩气成为国内外极具价值的能源之一。作为煤系致密砂岩的一种表面性质,润湿性对气藏产能释放及最终采收率起着至关重要的作用,但目前对煤系致密砂岩润湿性的研究非常少。前人对岩石润湿性影响因素的研究均集中在微观方面,而我们在近期的研究中发现沉积微相等宏观地质因素对煤系致密砂岩润湿性具有明显的控制作用。本书以鄂尔多斯东北缘煤系致密砂岩为研究对象,利用野外露头、岩心编录、测井和样品测试等资料,揭示了砂岩表面性质、流体性质、地层环境等地质因素对润湿性的影响及微观力学控制机理,探讨了沉积微相对润湿性的定性定量控制作用、润湿性在层序地层格架中的分布规律及润湿性对流体赋存渗流的影响,建立了煤系致密砂岩润湿性的宏观地质控制模型及基于评价指标体系的数学预测模型,为储层评价、产量预测及开发方案的制定提供了依据。

本书可供高等院校地质和油气相关专业师生以及现场技术人员参考。

图书在版编目(C I P)数据

煤系致密砂岩润湿性的地质控制作用 / 宋雪娟著
. —徐州 : 中国矿业大学出版社,2023.9
  ISBN 978 - 7 - 5646 - 5735 - 2

Ⅰ. ①煤… Ⅱ. ①宋… Ⅲ. ①鄂尔多斯盆地—煤系—致密砂岩—润湿能力—研究 Ⅳ. ①P618.110.4

中国国家版本馆 CIP 数据核字(2023)第 030762 号

书　　　名	煤系致密砂岩润湿性的地质控制作用
著　　　者	宋雪娟
责 任 编 辑	潘俊成
出 版 发 行	中国矿业大学出版社有限责任公司
	（江苏省徐州市解放南路　邮编 221008）
营 销 热 线	(0516)83885370　83884103
出 版 服 务	(0516)83995789　83884920
网　　　址	http://www.cumtp.com　**E-mail**:cumtpvip@cumtp.com
印　　　刷	苏州市古得堡数码印刷有限公司
开　　　本	787 mm×1092 mm　1/16　**印张** 9.75　**字数** 249 千字
版 次 印 次	2023 年 9 月第 1 版　2023 年 9 月第 1 次印刷
定　　　价	45.00 元

（图书出现印装质量问题,本社负责调换）

前　言

　　砂岩润湿性受诸多地质因素控制,影响致密砂岩气产能释放及最终采收率,就煤系致密砂岩而言,目前对其知之甚少。为此,本书以临兴—神府地区石炭-二叠纪煤系致密砂岩为研究对象,利用野外露头、岩心编录、测井资料和样品测试等资料,重点针对煤系砂岩润湿性的地质控制作用展开研究。

　　通过固液间表面力分析发现,砂岩矿物组成决定煤系致密砂岩润湿性均为亲水,流体性质及地层温度直接影响砂岩的润湿性。砂岩的亲水性与石英含量、表面粗糙度、流体 pH(大于 5)、地层温度均呈正相关关系,与黏土及碳酸盐填隙物含量、流体盐度、离子价态均呈负相关关系。沉积微相和成岩作用通过控制砂岩成分结构而间接控制砂岩润湿性。水下分流河道上下部、砂坪、障壁砂坝等水动力强的沉积微相中的致密砂岩多亲水、强亲水,多为气层-差气层,天然气采收率高;水下分流河道顶部、水下天然堤、混合坪、河口坝、分流间湾等水动力弱的沉积微相中的致密砂岩常弱亲水,多为干层-差气层,天然气采收率低。由此,进一步揭示了层序地层格架对致密砂岩润湿性分布的控制规律。致密砂岩样品以纳米-亚微米级孔隙为主,束缚水饱和度高,气水相互干扰强烈,气水过渡带长。润湿性对流体的赋存渗流影响较大,在 $0.05\sim1\ \mu m$ 孔喉中,亲水性增强使水膜厚度增大、毛细管力增大、有效喉道半径减小,导致砂岩束缚水饱和度上升,可动水饱和度下降。基于上述认识,笔者选取与润湿性密切相关的特征参数,建立了致密砂岩润湿性评价预测模型。

　　书中内容是笔者在近年来研究成果的基础上撰写的,这些成果的获得得益于合作单位的通力配合,特别是中国矿业大学秦勇教授团队、麦吉尔大学 K. E. Waters 教授团队、中海油能源发展股份有限公司(以下简称中海油)工程技术分公司及非常规实验中心等科研团队在资料收集、样品采集、方案制定、实验测试等方面给予的大力支持;本书的出版得到国家自然科学基金青年科学基金项目(42002193)、江苏高校"青蓝工程"以及徐州工程学院学术著作出版基金的资助和支持,在此一并表示衷心的感谢。同时对书中所引用文献的作者致以崇高的敬意!

　　因作者水平所限,书中观点和方法可能存在片面性,恳请各位专家和读者不吝赐教。

著　者

2023 年 1 月

目　　录

1 绪 论

　　我国煤系致密砂岩气储量巨大,对于缓解中国油气资源压力、调整能源结构具有重要的作用。润湿性是气藏开采中的重要参数,本书以临兴—神府地区石炭-二叠纪煤系致密砂岩为研究对象,揭示煤系致密砂岩润湿性特征,阐明其影响因素的作用机理,揭示沉积微相控制及润湿性对流体赋存渗流的影响,建立润湿性评价预测的指标体系和模型,为储层评价、产量预测及开发方案的制定提供依据。

1.1 研究意义

　　致密砂岩气资源在世界天然气资源分布中占有重要地位,全球致密砂岩气资源量超过 $2.097×10^{14}$ m³,技术可采资源量在 $1.05×10^{13}～2.4×10^{13}$ m³(王淑玲等,2014)。2006 年至今,中国致密砂岩气勘探开发进入快速发展阶段。2016 年,中国致密气产量为 $3.3×10^{10}$ m³(Zou et al.,2018),占中国天然气总产量的 26.8%(中国人民共和国自然资源部,2017),致密砂岩气已成为天然气储量和产量增长的主体(李健,2002;戴金星等,2012;于兴河等,2015;傅宁等,2016)。

　　我国中长期内天然气需求将稳定增长,并存在巨大的供需缺口。2018 年全年进口天然气 9 039 万 t,进口量与生产量之比为 0.77∶1(2018 年中国能源统计数据,2019)。由于我国致密砂岩气储量巨大,提高致密砂岩气产量无疑可以很好地填补这一缺口。鄂尔多斯盆地致密砂岩气主要产地为苏里格、榆林、乌审旗、神木、大牛地等气田,临兴—神府区块规模性开发基地尚在建设阶段。鄂尔多斯盆地致密砂岩气储层赋存在两个层系:一是石炭-二叠纪煤系上覆石盒子组,砂岩储层物性研究较细,基本上能够满足勘探开发的需求;二是石炭-二叠纪煤系,对砂岩储层物性缺乏精细且足够的了解,砂岩储层物性及其评价参数和手段依据不足,临兴—神府地区就是这种情况。

　　润湿性作为致密砂岩储层的一种关键物理性质,是衡量砂岩储层天然气储集和运移能力的重要表面性质,在很大程度上决定了砂岩储层含气、含水程度,进而影响其资源价值和开发潜力。煤系砂岩有其特殊性,尤其是岩性垂向变化频繁,导致不同层位或层序地层结构单元砂岩的润湿性变化大;对其地质控制因素研究的不足,导致煤系砂岩储层关键物性认识不清,精细预测缺乏依据。

　　鉴于上述产业发展需求及亟待解决的科技问题,本研究针对鄂尔多斯盆地东北部临兴—神府地区石炭-二叠纪煤系致密砂岩储层开展研究,探讨砂岩储层润湿性的地质控制,建立砂岩储层润湿性预测模型,为科学预测煤系致密砂岩储层物性提供方法和依据。

1.2 研 究 现 状

1.2.1 致密砂岩储层概念

1.2.1.1 致密砂岩定义

中国是世界上最早发现致密岩油气的国家之一,1907 年在鄂尔多斯盆地延 1 井处三叠统发现致密砂岩油,1989 年在该盆地石炭-二叠系发现致密砂岩大气田——靖边气田(康玉柱,2016)。Walls 等(1982)提出致密砂岩气藏概念,学者和部门普遍认可的致密砂岩气盆地或气田主要集中于北美地区,包括阿尔伯达盆地(Elmworth、Milk River、Hoadley 三大气田),美国的圣胡安、皮申斯、尤因塔、粉河、大绿河、丹佛、风河等盆地(石油工业天然气科技情报协作组,1990;雷群等,2010),以及中国的鄂尔多斯盆地、四川盆地、塔里木盆地、吐哈盆地、松辽盆地等。

世界各大致密气田具有某些共性特点,即面积大,控制因素简单,储层物性具有确定的范围,含气饱和度较低,含水饱和度较高(见表 1-1)。其中,构造活动微弱则地层稳定分布,不会形成构造起伏及断裂,也就不会引起侧向油气运移聚集,同时保证了天然气的保存条件(王朋岩等,2014)。但是,目前国际上对致密砂岩气储层的地质评价尚未形成统一的标准和界限,不同国家、不同机构一般根据当时当地的天然气资源状况和经济技术条件来制定其标准和界限,而在同一国家、同一机构内随着认识程度和开发技术的提高,相关概念也在不断地发展和完善。

表 1-1 世界主要致密砂岩气田储层基本特征

油田	Blanco	Elmworth	Hoadley	Jonah	Milk River	Wattenberg	苏里格
面积/km^2	3 467	5 000	4 000	97	17 500	2 600	37 850
构造倾角/(°)	0～6	1	0.5	2	<0.1	<0.1	<1
储层厚度/m	122～274	152～183	一般 20～30,最大 37	853～1 280	61～91	23～45	31
产层厚度/m	0～49	61～91	一般 6～15,最大 25	340.8～488	9.1	3～15	5～10
孔隙度/%	4～14,平均 9.5	8～12	一般 8～14,最大 20	8～14	10～26,平均 14	8～12	8.5
渗透率/(×10^{-3} μm^2)	0.3～10	0.5～5 000	一般 0.5～10,最大 200	0.01～1	一般<1,最大 250	0.005～0.05	0.4～36
含水饱和度/%	10～70	30～50	25～40	30～47		44	50～75
可采储量/(×10^8 m^3)	4 813	4 813	1 841	654	3 114	566～934	6 209

国内外学者和研究机构提出了多种致密砂岩的孔隙度和渗透率划分标准。1978 年美国《天然气政策法案》中及 1980 年美国联邦能源管理委员会均将储层对天然气的地层渗透率小于 0.1×10^{-3} μm^2 的气藏定义为致密砂岩气藏(Law,1986),许多机构与学者沿用这一

标准(Law,1986;Spencer,1989;国家能源局,2011;于兴河等,2015),且认为渗透率 0.1×10^{-3} μm^2 对应的孔隙度数值为 10%,具统计意义(王朋岩等,2014);德国石油与煤科学技术协会将致密砂岩渗透率上限设定为 0.6×10^{-3} μm^2,而部分中国学者与英国学者将该上限设定为 1×10^{-3} μm^2(袁政文,1993;金之钧等,1999;姜振学,2006)。

需要指出的是,美国联邦能源管理委员会与原联邦能源局均指出致密砂岩气储层的空气渗透率小于 1×10^{-3} μm^2,原地渗透率小于 0.1×10^{-3} μm^2。我国普遍使用的渗透率通常都是在实验室常规条件下测定的空气渗透率(地表渗透率),与储层条件下受高含水饱和度和上覆岩层压力影响的原地渗透率(地层渗透率)相差很大,0.1×10^{-3} μm^2 的原地渗透率大致相当于 0.5×10^{-3} μm^2 的空气渗透率。

故结合鄂尔多斯盆地实际情况,根据国家标准,本书将致密砂岩气藏定义为地层渗透率小于 0.1×10^{-3} μm^2、空气渗透率小于 1×10^{-3} μm^2 的砂岩储层中产出的天然气资源,即地表渗透率小于 1×10^{-3} μm^2、孔隙度小于 10% 的砂岩为致密砂岩。

1.2.1.2 致密砂岩气储层地质特征

中国致密砂岩气储层的共同地质特征如下:一是以Ⅲ型煤系烃源岩为主,生烃能力较强,气源充足并可持续充注,表现为我国致密砂岩气盆地主要发育在三套煤系中,即石炭-二叠系煤系(鄂尔多斯盆地)、三叠系须家河组煤系(四川盆地)和侏罗系煤系(准噶尔盆地、吐哈盆地和塔里木盆地);二是储层以广泛分布的河口坝、三角洲前缘和湖相致密砂体为主,储层致密(最大特征),孔隙度小于 10%,渗透率小于 1 mD,致密化主要受沉积和成岩作用控制;三是源储紧邻,以近距离垂向运移成藏为主,形成"三明治"式结构的生储盖组合;四是压力异常(超压或低压);五是大面积立体含气,局部富集(张国生等,2012;李建忠等,2012);六是束缚水饱和度较高且变化较大(45%~70%)(Spencer,1989;张哨楠,2008);七是成岩后生作用强烈,次生孔隙占重要地位,约占总孔隙的 30%~50%(李健等,2002)。

按照储量丰度可将气藏划分为 4 级(康竹林等,2000),即高丰度(大于或等于 1.0×10^9 m^3/km^2)、中等丰度[$(5 \sim 10) \times 10^8$ m^3/km^2]、低丰度[$(1 \sim 5) \times 10^8$ m^3/km^2]和特低丰度(小于 1×10^8 m^3/km^2)。根据压力系数可将气藏划分为 4 级(国家能源局,2009),即低压气藏(小于 0.9)、常压气藏(0.9~1.3)、高压气藏(1.3~1.8)和超高压气藏(大于等于 1.8)。中国致密砂岩气藏圈闭类型主要为岩性圈闭(主要靠物性差异遮挡),次为构造和岩性-构造或构造-岩性复合型圈闭,储层的平均有效厚度集中在 5~20 m 范围内,平均有效孔隙度集中在 5%~12% 范围内,平均渗透率主要为 0.1~5.0 mD,以低—特低储量丰度为主,压力系数变化大,可以是超高压、高压、常压和低压,平均含气饱和度为 50%~70%,甲烷含量为 80%~97%。根据苏里格、乌审旗、大牛地、榆林、子洲、米脂、神木这几个鄂尔多斯盆地北部石炭-二叠系致密砂岩气藏统计数据可知,鄂尔多斯盆地北部致密砂岩气藏是以岩性圈闭为主的气田,其储量丰度为 $(0.75 \sim 2.50) \times 10^8$ m^3/km^2,属于低—特低储量丰度气田,压力系数为 0.77~1.10,以低压为主,部分为常压,储量为 $(358 \sim 12\,726) \times 10^8$ m^3,孔隙度为 5.8%~11.0%(平均值为 6.2%~8.6%),渗透率为 0.41~8.20 mD(平均值为 0.65~5.10 mD),含气饱和度为 55.9%~77.7%(平均值为 61.9~74.5%),甲烷含量为 72.78%~98.87%(平均值为 88.30%~98.80%)(李剑等,2013)。

1.2.2 致密砂岩物性的地质控制

致密砂岩关键物性包括孔隙结构、渗透性、润湿性等,其物性的地质控制因素包括沉积、成岩、温度和压力等方面。通过对致密气藏砂岩样品的岩石薄片、SEM(扫描电子显微镜)和 XRD(X 射线衍射)分析,将低孔低渗归因于砂岩孔喉被塑性假杂基岩屑、泥质杂基、自生黏土或其他胶结物堵塞。因此,致密气藏储层的质量和异质性主要受控于沉积作用和成岩作用。

1.2.2.1 沉积作用对致密储层的控制作用

沉积作用决定着砂岩储层的原生物质基础,不仅从宏观上控制着储层砂体的空间展布特性,如储层的厚度、规模及连片性等,还从微观上控制着砂岩的结构与成分成熟度,包括砂岩的成分、粒度、分选、磨圆以及填隙物的成分和含量。在不同沉积环境下可形成不同类型的砂岩,具体的沉积微相又控制其成分及结构,进而控制其原始孔隙度和渗透率,进一步影响了早期或准同生期的成岩作用类型、强度及演化。

研究发现国内主要致密气藏砂岩均处于煤系中,例如四川盆地须家河组、鄂尔多斯盆地上古生界、鄂尔多斯盆地上古生界构造、准噶尔盆地南缘侏罗系和二叠系、吐哈盆地侏罗系、塔里木盆地侏罗系和白垩系、松辽盆地下白垩统登娄库组和渤海湾盆地古近系沙河街组三段和四段均为国内有名的煤系。所以致密气藏砂岩往往产出于易于形成煤系的河流、三角洲等沉积环境。国外也有这种情况,如美国大绿河盆地白垩系和古近系致密气藏砂岩,沉积环境主要为河流沉积和少量三角洲沉积,其所在的地层含多层煤层。这种沉积环境决定了气藏的烃源岩为腐殖型煤层和碳质泥岩,包括上述中国盆地、美国许多落基山盆地以及欧洲一些盆地。因为有机质以Ⅲ型干酪根为主,所以这些致密气藏仅生产气而不产油。

并不是所有的致密气藏砂岩都处于煤系中,部分致密气藏砂岩,特别是致密常规气藏砂岩,其烃源岩为富氢泥岩(如美国阿巴拉契亚盆地奥陶系泥页岩和中东-北非志留系泥岩),有机质以Ⅰ、Ⅱ型干酪根为主。以美国阿巴拉契亚盆地下志留系 Clinton-Medina-Tuscarora 致密气藏砂岩为例,其沉积环境包括河流相、海湾相、大陆架、潮坪相,既生产气也生产油。

我们重点讨论煤系致密砂岩。微弱的构造活动,平缓的古地形,沉积时水动力条件弱而稳定,沉积速率相对较缓慢,最终沉积为细粒、塑性颗粒及杂基含量高的致密砂岩,其沉积垂向序列常具有明显的互层结构(于兴河等,2015)。三角洲能形成这样的沉积条件,故国内外多数典型致密砂岩储层多发育在三角洲中。如鄂尔多斯盆地二叠系太原组和山西组以及四川盆地须家河组致密储层,均发育于三角洲或浅水三角洲中,多为三角洲前缘沉积物(郑浚茂等,1997;邹才能等,2008;席胜利等,2009;宋雪娟等,2011;朱筱敏等,2013)。

不同沉积微相的沉积作用和水动力条件均差异较大,会形成粒度不同、含泥量不同的各种砂岩。水动力强的沉积微相可形成粒度粗的砂岩,含泥量往往较少,后期以硅质钙质胶结致密为主;水动力弱的沉积微相可形成粒度细、含泥量高的砂岩,以早期压实致密为主。以鄂尔多斯盆地苏里格气田南区盒 8 段致密砂岩储层为例(于兴河等,2015),在三角洲前缘平均湖平面之上沉积的砂岩中,其硅质胶结物含量明显较高;近源沉积的胶结物以泥质和黏土矿物为主,远源则以硅质和钙质为主;河道砂与心滩沉积以钙质胶结为主,漫溢砂和水下分流河道间沉积以泥质胶结为主。这就表明致密砂岩的重要决定因素——填隙物的形成、分布及含量均直接或间接地受沉积微相的控制,特别是以压实致密为主、含泥量高的细粒砂岩的形成与分布直接受控于沉积微相。

1.2.2.2 成岩作用对致密储层的控制作用

胶结作用与压实作用常是影响储层储集性、使砂岩致密的主要成岩作用。致密砂岩杂基和塑性岩屑含量高,所以压实作用是其致密的主要原因。早期胶结作用可以提高岩石的机械强度和抗压实能力,为后期产生次生孔隙奠定基础,这是深埋藏条件下砂岩孔隙得以保持的重要机制(黄思静等,2007)。煤系的砂岩中所含水介质呈酸性,致使其砂岩储层总体具有碳酸盐胶结物含量低、长石溶解蚀变、硅质胶结物含量高、黏土矿物中富含高岭石的显著特点(郑浚茂等,1997)。

酸性环境中早成岩阶段缺乏碳酸盐胶结物,中成岩阶段 A 期后期,水介质开始由酸性向碱性转变,出现含铁方解石、铁白云石等晚期碳酸盐矿物的胶结、交代作用,使孔隙度下降(应凤祥等,2003)。碱性成岩环境以石英质颗粒及其次生加大边溶解、长石次生加大、斜长石的钠长石化和晚期碳酸盐矿物沉淀为标志(邱隆伟等,2001;雷德文等,2008)。长石溶蚀及黏土矿物转化过程中释放的 Ca^{2+}、Fe^{3+} 和 Mg^{2+} 是碳酸盐胶结物重要的物质来源。在煤系中,有机酸供给充足,致密砂岩储层中的碳酸盐矿物及长石、岩屑等骨架颗粒可被溶蚀形成次生孔隙,改善砂岩的储集性能与渗流性能(袁静,2000;罗孝俊,2001)。

1.2.3 润湿性的概念及意义

1.2.3.1 润湿性的概念

常见的润湿是固体表面上的气体被液体取代的过程。广义上,润湿性是指当存在两种非混相流体时,其中某一相流体沿固体表面扩展或附着的趋势、倾向性(Anderson,1986;许雅等,2009)。润湿现象本质是两相流体(如气液)在固体表面争夺面积,它与三个相各自界面间的表面能大小密切相关(林光荣等,2006)。越易在固体表面延展的液体与固体间的表面张力越低,该固相与该液相越亲。在物理化学中,常将润湿定义为固体与液体接触时引起固体表面能下降的过程(许雅等,2009)。

固相表面被液相润湿的好坏程度是由二者的接触角(润湿角)θ 决定的,杨氏方程从表面张力的平衡关系给出了 θ 的定义:

$$\delta_{SA} = \delta_{SL} + \delta_{LA} \cos \theta \qquad (1-1)$$

式中　δ_{SA}、δ_{SL}、δ_{LA}——固-气、固-液和液-气的界面张力。

杨氏方程润湿平衡关系如图 1-1 所示。由此可知,只有满足 $\delta_{SA} > \delta_{SL}$,即 $\cos \theta > 0$ 时液体才能在固体表面展开。当 $0° < \theta < 90°$ 时,固-液部分润湿;当 $\theta = 0°$ 时,固-液完全润湿。

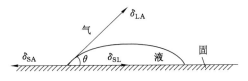

图 1-1　杨氏方程润湿平衡关系

除了接触角,润湿性还可用滚动角予以定量表征,还可通过实验室测试、测井资料解释等得到。

1.2.3.2 润湿性的意义

储层润湿性是储层岩石的基本特征之一,是储层物性的一个基本参数,是控制油水在孔隙中分布状态和水驱油效率的一个重要因素。因此,储层砂岩润湿性研究对油气田的开发水平和原油气的最终采收率具有重要意义(孙军昌等,2012)。

多年来,石油界对润湿性的研究极为重视,因为润湿性对岩石的电性、毛细管压力、油水两相相对渗透率、油水分布、三次开发、水淹特性、束缚水饱和度、残余油饱和度、剩余油分布特征等都有重要影响。

根据储层岩石表面对水和油的亲合及展布能力,油藏润湿性分为水润湿、油润湿、中性润湿和分润湿(吴志宏等,2001)。砂岩润湿性在很大程度上决定了砂岩储层含气饱和度和含水饱和度,进而影响到其资源价值,对于具有一定孔隙度的砂岩,油湿砂岩的含油饱和度大于中性砂岩的含油饱和度,中性砂岩的含油饱和度要大于水湿砂岩的含油饱和度(吕成远等,2002)。通常认为气体液体在低渗透多孔介质中流动时存在滑脱效应,即流体在通道表面具有滑移速度,而润湿性是影响滑移速度的参数之一。

试验证明,非润湿相和润湿相都能够发生滑移,但润湿性差的流体滑移速度要明显大于润湿性好的流体。当低渗透储层中流体存在油、气、水多种相态时,润湿性决定着油、气、水的微观分布以及毛细管力的大小和方向(王馨等,2008;杜新龙等,2013)。由于各相表面张力相互作用的结果,润湿相流体总是附着于固体颗粒表面,并力图占据较窄小的粒隙角隅,而把非润湿相流体推向更畅通的空隙中间。低渗透储层孔喉细小,毛细管力会对流体流动产生重要影响。在压差作用下,润湿相驱替非润湿相时毛细管力为动力,反之则为阻力。例如,油气进入含饱和水的水湿致密储层中,毛细管力会成为油气运移的阻力,只有当油气柱高度形成的浮力或充注压差超过毛细管力时,油气才能进入该孔喉,但如果孔喉由于早期油的充注而变为亲油性,这时毛细管力反而会成为油气运移的动力,有利于油气进入致密储层孔喉。一些致密储层中储层润湿性的改变可能成为晚期天然气高效运移和聚集的重要机制之一。

一般对于油田来说,弱亲水储层的水驱采收率最高,强亲水储层水驱采收率最低,水湿储层的采收率普遍要比油湿储层的高。在水湿油藏岩石中,水占据小孔道并形成一个连续的水膜,油占据着孔道的中心部位(图1-2),注入的水靠自吸机制吸吮到小和中等级别的孔隙中,将其中的原油推向易流动的大孔隙而使油流更易被驱替(图1-3);在油湿岩石中,油水的静态分布与水湿的情况相反,注入水先沿大孔道形成连续水流渠道,水逐渐浸入小孔道并使它们串联起来形成另一些水流渠道,油流被憋死在油层孔隙中,残余油一方面停留在小的油流渠道内,另一方面在大水流渠道固相表面形成油膜(图1-4)。

混合润湿岩石与同样条件下的油湿岩石相比驱替压力较低。中性润湿岩石驱替机制目前不十分清楚,但是水驱特征与混合润湿条件相类似。有学者认为中性润湿砂岩驱油效率高于水湿的,水湿模型的驱油效率高于油湿模型的驱油效率(李滔等,2017)。

对于气田来说,气体采收率与储层岩石润湿性之间的研究较少。这也是目前气田上亟须解决的问题。室内试验和现场试验表明,当多孔介质润湿性由液湿转变为气湿后,气体的采收率显著提高(Amott et al.,1959)。所以,润湿性对致密气藏来说尤为重要。

此外,润湿性改变能引起岩石电性的改变,一直是影响测井识别油水层准确度的重要因素,水湿储层的电阻率低于油湿、气湿储层的。朱洪林(2014)按接触角将气藏润湿性分为水湿、气湿和中性润湿,认为润湿性、孔喉结构等微观因素对岩电特性有重要影响,它们主要控制着孔隙空间流体分布及电流的传导路径。其具体作用方式如下(刘堂宴,2003):

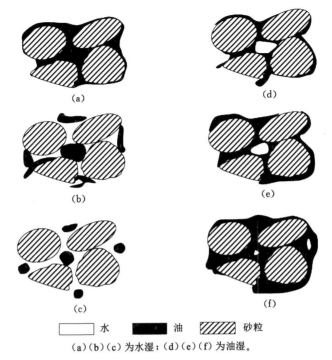

水 □ 油 ■ 砂粒 ▨

(a)(b)(c)为水湿；(d)(e)(f)为油湿。

图 1-2 油水在岩石孔隙中的分布

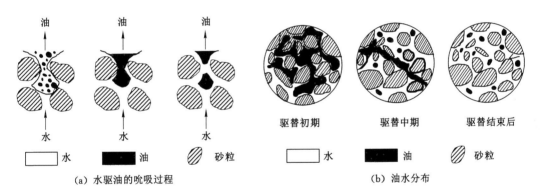

水 □ 油 ■ 砂粒 ▨   水 □ 油 ■ 砂粒 ▨

（a）水驱油的吮吸过程   （b）油水分布

图 1-3 亲水岩石水驱油的吮吸过程及油水分布

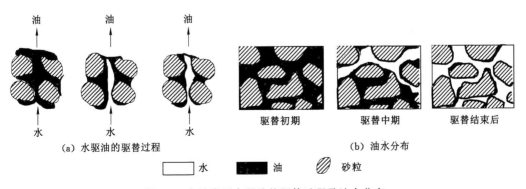

水 □ 油 ■ 砂粒 ▨

（a）水驱油的驱替过程   （b）油水分布

图 1-4 亲油岩石水驱油的驱替过程及油水分布

当油进入岩石后,由于润湿性不同,油珠和岩石孔隙表面可能具有不同的接触方式。在水湿储层中,由于油珠和孔隙表面之间会有水膜,而水膜保持了连续的导电路径,常会形成低电阻率。相反,在油湿储层中,油珠与岩石孔隙表面紧密接触,可能完全堵死孔喉,导致岩石电阻率异常地增高。所以,即使在含油饱和度相同的情况下,岩石的电阻率也会因为润湿性不同而显著地变化。

1.2.4 润湿性的影响因素

砂岩润湿性影响因素有流体种类、流体物理化学条件(如 pH、氧化还原电位 Eh 等)、矿物成分、孔隙结构(岩石的不均匀性)、地层温度、地层压力、饱和顺序、表面活性剂、矿物或岩石的表面粗糙度、表面污染等因素。流体方面因素包括无机盐离子类型和浓度等。

上述因素影响储层润湿性的具体方式为:较高 pH 有利于亲油砂岩向亲水砂岩转变;蒙脱石、泥质杂基及胶结物的存在会增加岩石的亲水性,而绿泥石则可局部性将岩石改变为亲油性;温度升高,接触角和界面张力均趋于降低,使能改变润湿性的活性物质在高温、高压下的溶解度增大,使其在岩石表面的解吸作用加剧;石油中的胶质和沥青容易导致储层从水湿向油湿转变(许雅等,2009)。

在油田开发过程中,凡是改变油藏岩石表面性质的物理、化学作用,均可以导致润湿性改变(鞠斌山,2006),例如:① 注入流体,水膜代替油膜;② 水对矿物表面油中极性分子的溶解作用;③ 化学采油用剂在油层岩石表面被吸附;④ 热力采油对油层温度的改变;⑤ 酸化改变油藏流体的 pH;⑥ 电加热采油中,电场产生电解产物,改变岩石表面润湿性。

上述因素影响润湿性,进而影响砂岩含气饱和度、天然气渗流产出等。通过对砂岩润湿性与这些地质因素关联程度的研究,可建立数学模型,进而对煤系不同沉积微相砂岩储层的含气性、渗流性和可采性进行预测。

1.2.5 致密砂岩润湿性测试方法

润湿性是油藏评价、油气层动态分析及油藏改造等不可缺少的物性参数,有关其定量评价方法的研究对油藏的勘探和开发具有重要意义。对砂岩润湿性的测试主要在实验室和井筒中开展。砂岩润湿性的测定方法有多种,大体上可分为三类:定量测定方法,主要包括接触角测量法、Amott 法(自吸法)、USBM 法(离心机法)、自吸速率法、核磁共振(NMR)张弛法;定性测定方法,主要包括低温电子扫描(Cryo-SEM)法、Wilhelmy 动力板法、微孔膜测定法、相对渗透率曲线法、微孔膜技术、渗吸法、显微镜检验、浮选法、玻璃片法、渗透率-饱和度关系法和毛管测量法;油藏润湿性现场测定法,包括在位润湿性的测定和常规井中润湿性的测定(Amott,1959;Donaldon et al.,1969;Morrow,1970;Anderson,1986;Dixit et al.,2000;Muster et al.,2001;Mattia,2007;Shang et al.,2010;Sefiane et al.,2011;Owens et al.,1971;Wang,1988;李琴,1996;Morrow et al.,1999;高国忠,2000;吴志宏等,2001;鄢捷年,2001;Guan et al.,2002;Looyestijn et al.,2006;华朝等,2015)。常用岩心润湿性分析方法及特点如表 1-2 所示。

气湿性不同于液湿性,需要在气-油(水)-岩石体系中对其进行测定。一般通过接触角法和 Washburn 法。目前国内气湿性研究处于起步阶段,气湿性的基础理论体系不完善。但是可以确定的是,气湿性有助于改善流体在储层岩石内的渗流状况,可明显提高原油采收率,通过将凝析气藏井筒附近的润湿性反转为气湿性来提高采收率已成为提高气井产能的新方向(金家锋等,2012)。

表 1-2　常用岩心润湿性分析方法及特点

方法	特　　　　点
接触角法	简单,快速,测试范围从强水湿到强油湿,数值定义及边界清楚,不确定度高,测试重复较差,一般不推荐使用
Amott 法	过程复杂,周期长,测试范围从强水湿到强油湿,数值定义及边界清楚,对中性润湿条件不敏感,考虑该种条件对油气勘探开发影响不大,推荐使用
USBM 法	过程简单,周期短,测试范围从强水湿到强油湿,数值定义及边界清楚,对中性润湿敏感,推荐使用。但是不能确定一个系统是否属于分润湿性和混合润湿性。且高速离心可能改变岩心原始微观孔隙结构特征
相对渗透率曲线法	过程简单,周期短,测试范围从强水湿到强油湿,数值定义及边界基本清楚,推荐在缺乏润湿性专项测量时使用,以弥补资料缺陷。但是难以检测出润湿性的较小变化
自吸速率法	过程简单,周期短,仅适用强水湿到中性润湿岩样,需要强水湿参考样品,边界明确,对强水湿样品敏感,不推荐使用
核磁共振张弛法	在使用 Amott 法和 USBM 法刻度后,可充分发挥其快速测量的优势。但是操作过程复杂,受表面处理效果影响较大

比较常用的定量测量润湿性的方法包括接触角法、Amott 法、USBM 法。接触角法是最为直观、简单的方法,也是用于纯净流体和人造岩心时最好的方法。Amott 法和 USBM 法可用于测量岩心的平均润湿性,测量原态或复态岩心的润湿性时优于接触角法;在接近中性润湿时 USBM 法比 Amott 法敏感,USBM 法无法测定分润湿性和混合润湿性的系统,而Amott 法却对此比较敏感。Amott 和 USBM 润湿性指数方法(改进型 USBM 法),集中了二者的优点。渗吸法作为 Amott 法和 USBM 法的备选方法,可以用于后两种方法不能确定的系统。核磁共振张弛法是较新的简单快速的定量方法,可以测定分润湿性。

1.3　现存问题

总结上述分析,本领域及研究区尚存如下问题:

① 与传统致密砂岩相比,煤系致密砂岩的岩性、物性的特殊性不明,煤系致密砂岩的强烈非均质性,包括层位上的产出特征(频率、单层厚度等),也包括矿物组成、岩石结构、孔渗特征、润湿性等,这些特殊性有待进一步研究。

② 煤系砂岩致密性、润湿性的沉积精细控制尚不明确,尤其当从三角洲-河流体系、河流-湖泊体系中的沉积微相角度来认识这一问题时,这些不明确的内容亦包括不同层序地层结构单元之间砂岩润湿性异同,以及同一层序地层结构单元中砂岩润湿性的分布演化规律。

③ 在煤系富有机质的特殊成岩流体环境下,砂岩致密性和成岩特点对润湿性的影响机理不明。

④ 煤系致密砂岩润湿性对流体赋存和渗流产出的影响、机制不明。

⑤ 煤系中对润湿性的地质控制因素研究不足,对润湿性的精细预测缺乏足够依据。

1.4 研究方案

1.4.1 总体思路

基于油气地质学、油藏物理学、储层沉积学、层序地层学、岩石矿物学等理论和方法,在收集、消化前人研究成果的基础上,根据野外露头、岩心编录、试验测试,结合测井资料,开展临兴—神府地区本溪组、太原组和山西组煤系致密砂岩储层沉积体系与沉积微相研究,研究致密砂岩岩石特征,包括孔渗及润湿性等物性特征,并分析成岩作用特点。在上述基础上,分析煤系中的致密砂岩及其润湿性的特点,探讨致密砂岩润湿性的影响因素和润湿性对储层流体赋存渗流的影响,建立砂岩储层润湿性预测模型。

1.4.2 研究内容与研究目标

① 煤系致密砂岩的特征:通过各种试验测试分析,总结出煤系致密砂岩的诸多特殊性,包括孔隙性(如孔隙形态、孔隙度、孔隙结构等)、沉积几何特征(如发育频率或称砂比、单层厚度、侧向稳定性与连通性等)、含流体饱和性(包括气、水以及束缚水饱和度)、渗流性等。

② 煤系致密砂岩润湿性特点:通过岩心物性分析、薄片鉴定、SEM、润湿性测定、接触角等测试结果,分析得出煤系致密砂岩润湿性特征,探讨润湿性的影响因素及机制。

③ 沉积微相:通过野外剖面、岩心、测井资料、地震资料及各种室内测试分析结果,分析得出各沉积相标志和地球化学标志,识别出沉积相、沉积微相,确定各相在研究区本溪组-太原组-山西组的空间分布。并且进行层序地层划分,建立整个区域范围内的层序地层格架。

④ 润湿性主要地质控制机制:以沉积微相为主,适当考虑成岩作用,厘清沉积微相与煤系致密砂岩润湿性之间关系,主要考虑障壁砂坝-潟湖体系及浅水三角洲体系两大体系中的沉积微相;厘清层序地层结构与煤系致密砂岩润湿性之间关系,包括不同层序地层结构单元之间砂岩润湿性异同,以及同一层序地层结构单元中砂岩润湿性的分布演化规律,并适当讨论控制机理。

⑤ 润湿性评价预测的指标体系和模型:厘清煤系致密砂岩润湿性对储层流体赋存、渗流产出的影响,然后建立评价预测的指标体系和模型。

1.4.3 研究流程与技术方法

将研究过程划分为 4 个阶段分步实施,技术路线如图 1-5 所示。

(1)第一阶段:资料调研和文献分析

① 广泛查阅国内外关于煤系致密砂岩气的文章,包括致密砂岩油气储层研究现状与进展、研究思路及技术手段、致密砂岩沉积及成岩作用、致密砂岩流体及孔隙演化、砂岩润湿性等方面的研究文献。

② 收集并整理关于鄂尔多斯盆地、盆地东缘及神府—临兴地区的基础地质资料,初步掌握研究区的地层、沉积、构造、水文地质状况等。

③ 收集研究区中海油勘探资料,初步整理研究区地震、测井及钻孔资料,初步设想试验方案,为样品采集计划打下基础。

（2）第二阶段:野外观测与样品采集

① 野外踏勘,考察研究区典型露头剖面——扒搂沟、招贤、关家崖剖面,认识本溪组和山西组煤系标志层、岩性组合、沉积特征、地层产状与分布规律;采集剖面上新鲜岩样。

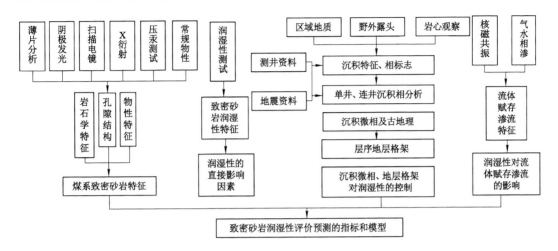

图 1-5　技术路线

② 钻井岩心描述与取心,对钻井岩心进行岩性、沉积现象、沉积构造、垂向层序等的观察、描述与拍照工作;并结合研究区钻井分布和研究目的,系统采集各组的煤样、致密砂岩岩样、泥页岩样品。选择特定钻孔或几个相邻钻孔联合取样,得到煤系剖面钻孔砂岩的系列样品。

（3）第三阶段:样品测试

① 整理汇总收集的化验分析资料,对比所需试验检验项目,据实际采集的样品,设计试验方案,并联系实验室,安排相关仪器,自己进行试验测试或者送检。

② 参考相应的国标及石油、煤炭行业标准进行样品测试分析。样品测试内容包括致密砂岩的薄片分析、压汞测试、铸体薄片分析、扫描电镜分析、气水相对渗透率试验(徐国盛等,2012)等,选用 Amott 法、接触角法、气藏润湿性吸水挥发速度比法测试砂岩润湿性。这些测试结果可以用于分析砂岩储层的岩石学特征、孔渗特征、润湿性及流体演化。改变润湿性测试的试验条件,通过设计试验结果以探究各因素对润湿性的影响。

（4）第四阶段:资料分析与数据处理

① 通过铸体薄片、X 衍射和扫描电镜分析,可得出砂岩岩石学特征及孔喉类型,通过压汞测试可得出砂岩孔隙结构特征。通过上述结果分析成岩作用,划分和评价砂岩孔隙结构,并绘制相关图件。通过润湿性测试及设计试验结果,分析影响致密砂岩润湿性的各种因素。

② 在露头剖面、钻井岩心基础上,结合测井、地震以及薄片分析、沉积构造、沉积序列等资料,建立研究区范围本溪组-太原组-山西组沉积格架,确定沉积微相标志,详细划分沉积微相类型,建立单井沉积微相剖面,对比井间的沉积微相在纵向和横向的变化规律,分析沉积微相的空间分布规律,在此过程中同时绘制相关图件。

③ 通过前步结果,分析煤系致密砂岩岩石学、物性、沉积、成岩等方面的特殊性。将致密砂岩的润湿性与沉积微相展布及垂向层序对比分析,得出煤系致密砂岩润湿性特点与沉

积微相、层序地层结构之间关系,分析不同层序地层结构单元之间及同一层序地层结构单元中砂岩润湿性异同及其控制机理。

④ 通过核磁共振和气水相对渗透率曲线分析气水在多孔介质中的赋存、渗流特性,选取不同润湿性的砂岩,对比其流体赋存、渗流数据与特征,分析煤系致密砂岩润湿性对储层流体赋存、渗流产出的影响。

⑤ 通过上述各种分析,选取合适参数,建立致密砂岩润湿性评价预测的指标体系和模型。

2 地 质 背 景

地质背景条件分析是开展诸多地质工作的基础。本章主要对鄂尔多斯盆地临兴—神府区块区域地质构造、岩浆活动、区域地层、水文地质条件及煤系发育特征进行总结与概述,梳理了研究区地质概况,为后续进一步划分沉积环境、建立层序地层格架奠定基础。

2.1 区域构造及其演化

鄂尔多斯盆又称陕甘宁盆地,东起吕梁太行山,西至贺兰六盘山,北起阴山大青山,南至秦岭渭北山地(席胜利,2006),是中国第二大沉积盆地。鄂尔多斯盆地是华北地台的次级构造单元,划分为6个次一级构造单元:西缘冲断带、天环坳陷、伊盟隆起、陕北斜坡、渭北隆起、晋西挠褶带(图2-1,可扫图中二维码获取彩图,下同)(李克勤,1992)。临兴—神府勘探区块位于盆地东北缘,神府区块位于陕北斜坡东北部,临兴区块位于晋西挠褶带北段。

陕北斜坡位于鄂尔多斯盆地腹地,呈近四边形,南北长度为400~500 km,东西宽度为250~300 km。晚元古代及早古生代早期为隆起地区,中寒武世至早奥陶世沉积了厚度为500~1 000 m的海相碳酸盐岩沉积。晚古生代普遍沉积了海陆交互相沉积和陆相沉积。斜坡地形主要形成于早白垩世,呈向西倾斜的平缓单斜构造,坡降为6~10 m/km,地层倾角不足1°,以发育鼻状构造为特征。

晋西挠褶带位于吕梁山脉西侧,呈近南北向展布。南北长度约为400 km、东西宽度约为30~60 km。该带在中晚元古代处于相对隆起状态,仅在中晚寒武世、早奥陶世、晚石炭世和早二叠世有较薄的沉积底层。该带在中生代侏罗纪末隆起,与华北地台分离,成为鄂尔多斯盆地的东部边缘。燕山运动使得吕梁山上升并且向西挤压,加上基底断裂的影响,形成SN走向的挠褶带。西部地层宽缓,东翼较陡。区块东部、南部边缘构造作用强烈,断裂较为发育,岩层产状变陡,形成了一系列NE向的压性或压扭性断层。

晋西挠褶带由北向南可划分为四个二级构造单元:保德-兴县背斜、临县-柳林背斜、永和-石楼背斜、蒲县-吉县背斜。本次研究区域地跨前两个二级构造单元,包括保德-兴县背斜和临县-柳林背斜的北部(陈刚等,2012)。

(1)保德-兴县背斜

该背斜南北长度为140 km,东西宽度为20~40 km,构造轴线呈近南北向;地面露头以古生界为主,背斜两翼对称,倾角为3°~10°;长轴长度最大可达15 km,短轴长度可达1~2 km,倾角为5°左右;偶见SN向小型正断层或逆断层,断面倾角为70°~85°,断距为数米至数十米不等。

(2)临县-柳林背斜

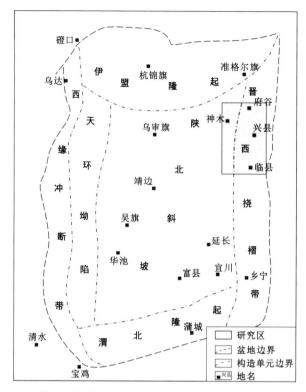

（a）鄂尔多斯盆地构造单元划分及研究区位置图（据李克勤，1992）

（b）鄂尔多斯盆地东北缘构造及研究区位置图（转引自陈刚等，2012）

Ⅰ—陕北斜坡；Ⅱ—晋西挠褶带；Ⅲ—伊盟隆起。

图 2-1　研究区构造位置图

　　该构造单元南北长度为 70 km,东西宽度为 50 km;地面露头为三叠系,背斜规模较小,两翼对称;轴向呈北北西,倾角为 5°左右,背斜长轴长度为 6~8 km,短轴长度为 1~2 km。

　　鄂尔多斯盆地是一个长期发育、多旋回、多类型的叠合含油气盆地,共经历了五个阶段的构造-沉积演化过程:中晚元古代克拉通内裂陷发育阶段;早古生代稳定克拉通发展阶段,发育边缘海盆地,充填海相沉积;晚古生代克拉通内裂陷发展阶段,由海陆过渡相转变为内陆湖盆沉积;中生代西苑冲断活动与前陆盆地形成阶段,发育残留克拉通盆地;新生代盆地周边断陷盆地发展阶段(沈玉林,2009)。

　　受加里东构造运动影响,华北板块从中奥陶世开始抬升,经过 138 Ma 的风化剥蚀后,在晚石炭世早期开始下沉,在下古生界顶部的不整合面之上沉积上古生界(马永生,2006)。受海西构造运动影响,晚石炭世末研究区构造格局由南隆北倾转换为北隆南倾(尚冠雄,1997)。研究区本溪组和太原组形成于陆表海背景之下。山西期海水南退,研究区山西组发育于残余陆表海背景下的陆相环境中(邵龙义等,2014)。

2.2　区域地层

　　研究区地层整体呈单斜西倾状。出露地层由东向西逐渐变新,依次发育中奥陶统马家沟组(O_2m)、上石炭统本溪组(C_2b)、下二叠统太原组(P_1t)和山西组(P_1s)、中二叠统下石盒子组(P_2x)和上石盒子组(P_2s)、上二叠统石千峰组(P_3sh)、下三叠统刘家沟组(T_1l)、中三叠统和尚沟组(T_1h)和纸坊组(T_2z)、上三叠统延长组(T_3y)、新生界第四系(Q)。研究区地层特征如表 2-1 所示。其中,本溪组、太原组和山西组为煤系,也是本次的研究层位(图 2-2)。

表 2-1　研究区地层特征(沈玉林,2009)

地层单位				厚度 /m	岩性特性
系	统	组	段		
第四系				0~300	黄土层及砂、砾石松散堆积物。与下伏地层呈角度不整合接触
三叠系	上统	延长组		80~568	上部灰色泥岩与褐红色细砂岩呈略等厚互层;下部为褐红色、褐灰色、浅灰色厚层至巨厚层状细砂岩夹褐灰色、绿灰色泥岩
	中统	纸坊组		155~229	灰褐色、棕红色、褐色泥岩、粉砂质泥岩与灰褐色细砂岩、泥质粉砂岩呈略等厚互层
		和尚沟组		154~319	灰色泥质粉砂岩、红灰和浅灰色细砂岩与褐色、紫红色泥岩呈等厚互层
	下统	刘家沟组		214~321	紫红色和褐色泥岩、粉砂质泥岩与浅褐色和褐灰色粉砂岩、细砂岩、泥质粉砂岩呈不等厚互层

表2-1(续)

地层单位				厚度	岩 性 特 性
系	统	组	段	/m	
二叠系	上统	石千峰组		173~286	从 K_8 砂岩底部到下三叠统刘家沟组底部砂岩的底部,主要由紫红色含砾粗砂岩夹紫红色至灰绿色砂质泥岩(呈不等厚互层)组成,局部夹有1~3层泥灰岩透镜体。泥质岩多呈紫红色、棕红色色调,含钙质结核及泥砾,常夹有粉砂岩、细砂岩透镜体。砂岩主要为细至粗粒长石石英砂岩、长石岩屑砂岩、岩屑砂岩等,以紫色为主
	中统	上石盒子组		178~343	包括桃花泥岩到石千峰组底部砂岩(K_8)间的一套岩层,由砂质泥岩、泥岩夹砂岩(呈不等厚互层)组成,以杂色泥岩为主,泥岩中常夹粉砂岩或砂岩透镜体。砂岩为灰绿色、暗紫色中至细粒长石石英砂岩、岩屑砂岩、长石岩屑砂岩等
		下石盒子组		120~208	从骆驼脖子砂岩底或相当层位到桃花泥岩顶之间的一套岩层。岩性由一套浅灰色含砾粗砂岩、灰白色中粗粒砂岩及灰绿色岩屑质石英砂岩(夹灰绿色砂质泥岩和粉砂岩)组成
	下统	山西组	山$_1$段	22~70	1$^\#$煤之顶到骆驼脖子砂岩(K_4)底。由灰色中至粗粒砂岩、砂质泥岩(局部夹煤层)组成,泥岩中常夹砂质条带
			山$_2^1$段	12~42	3$^\#$煤或相当层位的泥岩顶部至1$^\#$煤或相当层位的泥岩顶部。由中至粗砂岩、灰黑色泥岩(局部夹粉砂岩)组成
			山$_2^2$段	8~32	5$^\#$煤顶部至3$^\#$煤顶部或相当层位的泥岩顶部。由中至粗砂岩、灰黑色泥岩(局部夹粉砂岩、煤层)组成
			山$_2^3$段	11~46	北岔沟砂岩(K_3)底至5$^\#$煤顶部(研究区向南渐变为泥岩)。为山西组主要含煤层段,岩性由中至粗砂岩、薄层粉砂岩及灰黑色泥岩(夹煤层)组成,顶部为区域分布稳定的5$^\#$煤层,厚度为2~6 m,一般为3~4 m
		太原组	太$_1$段	20~50	斜道灰岩(L_4)或相当层位的海相泥岩之底到北岔沟砂岩(K_3),主要由灰黑色泥晶生物碎屑灰岩(夹细至粗砂岩、粉砂岩、煤层)组成
			太$_2$段	12~50	从8$^\#$、9$^\#$煤层之底至斜道灰岩(L_4)或相当层位的海相泥岩之底,由一套灰黑色泥岩、粉砂岩和细砂岩互层(夹灰黑色至深灰色生物碎屑灰岩、泥晶生物碎屑灰岩及煤层)组成。与下伏地层呈整合接触
石炭系	上统	本溪组	本$_1$段	20~56	下部主要为细至粗粒石英砂岩,底部是稳定的 K_1 砂岩;中上部为灰黑色泥岩、粉砂岩,顶部为8$^\#$、9$^\#$煤层之底,厚度为6~12 m
			本$_2$段	22~49	下部为灰色、灰白色铝土质泥岩;底部常夹鸡窝状褐铁矿、赤铁矿;上部为深灰色砂质泥岩,夹铝土质泥岩及薄层细砂岩。研究区东北部发育畔沟(Lb)灰岩,以生物碎屑泥晶灰岩为主,上部夹不可采薄煤层1~2层。与下古生界马家沟组的风化面呈平行不整合接触
奥陶系	中统	马家沟组		无数据	灰色含灰白云岩、灰色灰质泥岩、灰白色石膏质白云岩

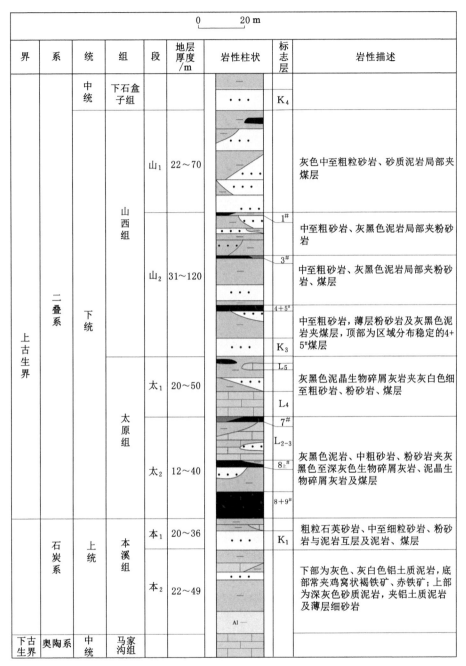

界	系	统	组	段	地层厚度/m	岩性柱状	标志层	岩性描述
上古生界	二叠系	中统	下石盒子组				K₄	
		下统	山西组	山₁	22～70			灰色中至粗粒砂岩、砂质泥岩局部夹煤层
				山₂	31～120		1#	中至粗砂岩、灰黑色泥岩局部夹粉砂岩
							3#	中至粗砂岩、灰黑色泥岩局部夹粉砂岩、煤层
							4+5#	中至粗砂岩，薄层粉砂岩及灰黑色泥岩夹煤层，顶部为区域分布稳定的4+5#煤层
							K₃	
			太原组	太₁	20～50		L₅ / L₄	灰黑色泥晶生物碎屑灰岩夹灰白色细至粗砂岩、粉砂岩、煤层
				太₂	12～40		7# / L₂₋₃ / 8上 / 8+9#	灰黑色泥岩、中粗砂岩、粉砂岩夹灰黑色至深灰色生物碎屑灰岩、泥晶生物碎屑灰岩及煤层
	石炭系	上统	本溪组	本₁	20～36		K₁	粗粒石英砂岩、中至细粒砂岩、粉砂岩与泥岩互层及泥岩、煤层
				本₂	22～49		Al	下部为灰色、灰白色铝土质泥岩，底部常夹鸡窝状褐铁矿、赤铁矿；上部为深灰色砂质泥岩，夹铝土质泥岩及薄层细砂岩
下古生界	奥陶系	中统	马家沟组					

灰岩　砂岩　泥岩　铝质泥岩　煤

图 2-2　研究区地层综合柱状图

2.3 岩浆活动

鄂尔多斯盆地东部晋西挠褶带热力作用历史与华北板块早白垩世发生的重要构造事件背景相关,深部岩浆侵入和热事件的发生使该区地下深处形成许多隐伏的中深成侵入岩或浅成喷发相岩体及其伴随的热力构造。早白垩世强烈的构造热事件伴有盆地东翼大面积的抬升隆起、吕梁断隆带的翘倾、离石断裂带和晋西挠褶带及西倾大斜坡的形成。区内晚古生代有多期火山活动,中生代燕山期岩浆活动最为强烈。

① 印支早期酸性火山碎屑岩:主要分布于临县、吉县一带的三叠系二马营组二段上部紫红色砂质泥岩中,夹有厚度为 1 m 左右的浅绿色晶屑凝灰岩。侏罗纪铜川组一段巨厚层中细粒长石砂质岩层局部夹有暗黄色晶屑凝灰岩,铜川组二段砂质泥岩中夹有 1～3 层晶屑、玻屑凝灰岩;延长组一段中细粒长石砂岩局部夹 1～5 层(厚度为 7～50 cm)的浅黄色晶屑凝灰岩。

② 燕山期岩浆岩:紫金山杂岩体分布在研究区西南部,是燕山期侵入岩和喷出岩组成的碱性或偏碱性杂岩体(杨兴科等,2008;陈刚等,2012)。岩体出露于临县西北部紫金山至水磨川一带,平面长轴为 NNW 向。NW-SE 向长度为 7 km,NE-SW 向宽度为 4 km,出露总面积约为 23.3 km^2。岩体的围岩为中三叠统二马营组灰绿色长石砂岩夹紫红色泥岩。该岩体为多阶段、多期次不同岩性的碱性杂岩体,岩体由内环到外环依次分布二长岩、霓辉正长岩、暗霞钛辉岩及火山颈相霞石正长岩、假白榴响岩、粗面岩等(刘静,2010)。由于侵位中心的逐渐南移,各岩带呈半环形分布。

③ 喜马拉雅期岩浆岩:为新生代岩浆岩,主要为出露在北部河曲县境内的基性喷发岩,对煤系构造变形影响不大。

2.4 水文地质条件

鄂尔多斯盆地东北缘处于气水过渡区至水带,地层水以 $CaCl_2$ 型为主。纵向上,各层之间沉积、岩相差异及距气源远近不同是造成砂岩中地层水纵向差异分布的主要因素。本溪组与太原组砂岩层内原始含气藏充注程度不高,地层水相对富集;山西组气藏充注程度高,产水量少。横向上,早白垩世末西太平洋板块向华北板块的俯冲挤压,东西向挤压应力使盆地东北缘整体抬升,盆地西倾,气水二次调整,含气层位增多。同时气藏压力整体下降,盆地边缘的地层水顺层侵入,导致各砂岩层不同程度产水,形成"多层含气、普遍低产水、气水同产"格局。最终形成盆地东北缘自西向东,砂岩地层水的规模和产水量增大、矿化度升高的趋势(王运所等,2010;陈朝兵等,2019)。

(1)主要含水层与隔水层

根据周宝艳等(2007),鄂尔多斯盆地东缘存在四套主要含水层系,分别为① 中奥陶统碳酸盐岩至膏岩中的含水层:岩溶、裂隙承压含水层组,为强富水性含水层;② 太原组、本溪组碎屑岩夹灰岩中的含水层:岩溶、裂隙承压含水层组,富水性不均一,含水性强弱取决于裂隙的发育程度;③ 三叠系及二叠系碎屑岩中的含水层:裂隙承压含水层组,为刘家沟组、石千峰组、石盒子组及山西组岩溶裂隙含水层,均为弱含水层组;④ 第四系松散层孔隙含水层;透水性较好,受大气降水控制和影响。

根据研究区内单井含水层测井解释数据,石千峰组到太原组水层依次减少。研究区本溪组至山西组含水层主要是:① 本溪组灰岩含水层;② 太原组主要含水层为庙沟灰岩及毛儿沟灰岩含水层;③ 山西组含水层为5#煤层顶底板砂岩含水层。隔水层主要有:① 奥灰顶面至9#煤层底板之间的隔水层;② 太原组灰岩含水层与山西组 4#煤层之间的相对隔水层;③ 石炭系及二叠系中其他发育较厚且稳定的泥质岩和裂隙不发育的砂岩隔水层。

仅从砂岩产水量角度,神木气田(陈朝兵等,2019)地层水分布的主要层位为本溪组、太原组和石千峰组,次为山西组,石盒子组基本不产水。一般来说垂向上油气运移距离与砂岩中天然气充注程度成反比,与砂岩层产水量成正比(田慧君,2017)。本溪组与太原组的沉积环境为海陆过渡相,组内发育 3~6 层厚度稳定(2~4 m)的灰岩,海相灰岩与陆相砂泥岩、煤系烃源岩呈互层状,为"自生自储式"成藏组合。当烃源岩(煤)成熟并大量排烃时,仅在烃源岩与砂岩层直接接触或存在沟通良好的垂向裂缝的情况下,天然气可被运移至砂岩层中聚集成藏。多数情况下,因灰岩层的阻碍作用,天然气无法被大量运移至砂岩层,该砂岩中气驱水效果差,导致本溪组、太原组砂岩含水饱和度高,分别为 45.1% 和 45.5%,产水量较大,分别为 3 m³/d 和 1.3 m³/d。山西组以陆相浅水三角洲沉积为主,虽然成藏组合也属于"自生自储式",但以陆相碎屑岩为主,无灰岩层,天然气可被大量垂向运移至砂岩层中,气驱水效果好,含水饱和度低,为 35%,产水量低,为 0.9 m³/d。石千峰组千 5 段砂岩储层因距离下部气源过远,350~400 m,烃类运移的距离长阻力大,气驱水效果差,故砂岩含水饱和度高,达 50%,产水量大,约 1.8 m³/d。

(2)地下水补径排特征

研究区内水文地质条件较为简单,地下水主要来自大气降水和东部奥陶系灰岩的侧向补给,分别在紫金山东侧和扒楼沟存在大的补给源,地下水径流方向自东南向西北径流,基本与地层倾斜方向一致,向深部进入西部承压滞留区。在临兴区块和保德区块存在两个汇流区,有利于煤系天然气的保存。在某些地区受断层影响或被河流切割,地下水以泉的形式排泄。区内植被不发育,黄土广布,被沟谷切割支离破碎,较难接受大气降水的补给,大部分沿河谷流走,集中向黄河排泄。研究区地表水系主要为湫水河,常出现短期断流现象,为季节性河流。盆地东缘由北向南依次分布天桥泉域、柳林泉域、黄河东断凹、龙祠泉域和龙门山五个水文地质单元(周宝艳等,2007;杜锐等,2002)。

(3)地下水化学场

与一般沉积盆地内地层水的矿化度分布不同(矿化度由盆地中心区向盆地边缘降低),鄂尔多斯盆地上古生界地层水矿化度分布具有"中部低,边部高"的特点。该盆地上古生界下倾部位的地层水具有较低矿化度特征(小于 30 000 mg/L),它们零星分布于广大盆地中心的深盆气领域里;而上倾部位(即盆地边缘地区)的地层水具有较高矿化度特征(大于40 000 mg/L),一般是气藏的边水、底水。上古生界深盆气边界大致与地层水矿化度为40 000 mg/L 的等值线吻合(王运所等,2010)。鄂尔多斯盆地上古生界地层水矿化度分布特征受盆地构造埋藏史、流体运移和泥岩压实水淡化作用三大因素共同控制。

垂向上,鄂尔多斯盆地东北部上古生界各地层水化学组成存在一定变化规律,从下向上,从本溪组到石千峰组,地层水的氯离子含量、矿化度和比重均逐渐降低,pH 由弱酸过渡为弱碱性。地层水矿化度的纵向差异主要受控于各组不同的沉积环境。本溪组与太原组属于海陆过渡相沉积环境,海水在研究区波及范围大,地层水受海水影响,地层水盐度及比重较高。在成岩作用期间,本溪组、太原组的煤系烃源岩成熟释放的大量有机酸,使地层水pH由原来继承自海水的弱碱性变为弱酸性。山西组、石盒子组属于陆相河流-三角洲-湖泊沉积体系,海水退出研究区,没有了海水的影响,地层水盐度及比重降低。石千峰组以陆相辫状河沉积为主,缺少湖泊等汇水区,地层水盐度及比重较下伏地层的更低。因此,鄂尔多斯东北缘上古生界自下向上地层水矿化度形成了由高到低的变化规律。

研究区属于盆地边缘区,排采水矿化度极高,山西组地下水总矿化度变化范围在27 172～48 795 mg/L之间,平均值为37 975 mg/L;太原组地下水总矿化度范围位于37 026～50 000 mg/L之间,平均值为43 513 mg/L(表2-2)。根据苏林提出的地下水化学分类方法(程付启等,2006),本研究区太原组、山西组地下水水质化学类型以代表深成环境的氯化钙型水为主,少量为代表大陆环境的碳酸氢钠和硫酸钠型水。整体来说,氯化钙型水是与地表大气降水隔绝的封闭水,具有残余古代海水的特点,这与研究区本溪组、太原组海陆过渡相的古沉积环境相对应。

表 2-2　研究区煤系地下水水质类型

井号	层位	$C(Na^+)$ /$C(Cl^-)$	$C(Na^+-Cl^-)$ /$C(1/2SO_4^{2-})$	(Cl^--Na^+) /$(1/2Mg^{2+})$	矿化度 /(mg/L)	水质类型
SM-02	太原组	0.70	3.59	2.47	50 000.74	$CaCl_2$ 型
SM-02	山西组	0.76	3.19	2.39	44 000.13	$CaCl_2$ 型
LX-01	山西组	1.28	1.09	—	27 172.60	$Cl^--SO_4^{2-}-Na^+$ 型
LX-01	太原组	1.04	9.75	—	37 026.20	$NaHCO_3$ 型
LX-04	山西组	0.45	—	9.80	48 795.30	$CaCl_2$ 型
LX-05	山西组	2.12	0.87	—	31 126.50	$SO_4^{2-}-Na^+$ 型
LX-05	山西组	0.94	—	1.58	38 783.70	$CaCl_2$ 型

注:①"—"表示无数据;②"C"表示摩尔浓度。

2.5　小　　结

① 临兴-神府勘探区块位于鄂尔多斯盆地东北缘的陕北斜坡东北部及晋西挠褶带北段,地跨保德-兴县背斜和临县-柳林背斜的北部。研究区大地构造在晚石炭世末发生翘板式运动,转换为北隆南倾。本溪组和太原组发育于陆表海背景中,山西组发育于残余陆表海背景下的陆相环境中。三组均为煤系,垂向上为灰岩、砂岩、泥岩和煤层的多次旋回叠置,其中山西组灰岩不发育。

② 研究区内存在多期岩浆活动,在石炭系、二叠系中夹有多层沉凝灰岩。印支早期酸性火山碎屑岩主要分布于临县、吉县一带的三叠系二马营组二段。燕山期岩浆活动最为强烈,形成研究区西南部的紫金山碱性或偏碱性杂岩体。喜马拉雅期岩浆岩主要为出露在北部河曲县境内的基性喷发岩。

③ 研究区处于气水过渡区至水带,自西向东砂岩地层水的规模和产水量增大,矿化度

升高的趋势。太原组、本溪组主要含水层为灰岩含水层,山西组主要含水层为砂岩含水层,形成"多层含气、普遍低产水、气水同产"格局。研究区地下水主要来自大气降水和东部奥陶系灰岩的侧向补给,地下水自东南向西北径流,在临兴区块和保德区块存在两个汇流区。研究区地下水以氯化钙型水为主,从本溪组到山西组,地层水的氯离子含量、矿化度和比重均逐渐降低。

3 致密砂岩样品描述

鄂尔多斯盆地致密气藏主要受控于岩性和物性,具有低孔隙度、低渗透率和低含气饱和度的特点,探明其岩石学特征及物性特征是研究致密气藏的基本工作。本章基于 XRD(X射线衍射)测试、显微镜薄片鉴定、扫描电镜观察、压汞测试、有机质热解分析、微量元素分析等成果,重点描述试验用砂岩样品基本特征。

3.1 致密砂岩样品采集

考虑层位、沉积微相与分布区域等因素,本书试验用砂岩样品分别采自神府地区 3 口井和临兴地区 4 口井,层位分布于本溪组、太原组和山西组,埋藏深度为 1 700～2 100 m。

3.2 砂岩样品岩石学特征

3.2.1 样品 XRD 矿物组成

XRD 测试结果显示,砂岩样品富含石英、贫长石和黏土矿物,且黏土矿物以伊利石为主,部分砂岩中富含黄铁矿、方解石、菱铁矿、铁白云石中的一种矿物,这是致密砂岩的矿物组成特征(表 3-1)。

表 3-1 XRD 测得的致密砂岩样品的主要成分含量表　　　　单位:%

样品编号	石英	钾长石	斜长石	黄铁矿	方解石	菱铁矿	铁白云石	伊利石	高岭石	绿泥石
1	77.3	1.4	0.8	1.2	0.7	1.5	1.3	12.4	1.4	0.1
2	66.3	1.3	0.9	5.1	0.9	0.8	1.2	15.6	6.9	0.5
3	67.7	4.7	2.3	1.3	0.8	0.9	4.6	11.7	1.4	3.9
4	84.1	0.5	1.5	0.6	0.5	1.2	1.5	0.8	8.7	0.5
5	76.4	1.1	5.5	0.8	8.2	0.9	1.1	1.4	0.5	3.2
6	55.3	0	6.5	1.3	1.3	1.1	1.3	12.8	10.9	8.3
7	74.4	0.9	1.2	0.8	0	0.9	8.1	12.5	0.4	0.1
8	61.3	0.9	14.2	0	7.2	1.2	0.9	10.4	2.0	1.7
9	69.2	0.8	0.9	0.9	0.9	3.1	0.8	17.6	5.0	0.2
10	68.2	0.7	1.2	2.2	0.7	2.3	0.9	12.9	9.9	0.2
11	50.5	5.1	0.9	0.8	0	5.3	5.2	13.4	17.3	1.3

表3-1(续)

样品编号	石英	钾长石	斜长石	黄铁矿	方解石	菱铁矿	铁白云石	伊利石	高岭石	绿泥石
12	77.1	0.9	1.2	2.3	0	0.9	3.1	7.4	5.2	0.4
13	67.2	0.8	11.3	1.2	0.9	2.1	0	14.2	1.0	0.8
14	51.6	1.1	6.9	0.7	0	13.2	2.1	20.6	2.6	0.7
15	69.1	1.2	0.8	0.9	0	0.8	0.9	21.8	1.9	0.2
16	73.2	0.9	1.1	1.2	0	1.4	0	19.4	0.4	0.2
17	50.5	0.9	1.2	0.7	0	0.9	29.1	7.7	7.5	0.8
18	76.2	1.1	0.9	1.2	0	0.9	0	2.5	14.4	0.1
19	64.1	5.2	0.8	0.9	1.3	3.7	0.8	21.4	1.4	0.2
20	64.3	0.8	1.1	0	0	1.1	0.9	29.8	0.6	0.6
21	66.6	0.8	1.5	1.1	0	0.8	5.1	23.3	0.5	0.2
22	68.3	1.2	1.5	1.4	0	1.3	0.2	22.6	1.2	0.2
23	46.2	0.7	0.9	19.2	1.4	0.8	0	5.8	21.5	1.7
24	87.1	0.8	1.2	0.9	1.5	0.9	0.8	1.2	3.6	0.3
25	63.4	1.1	0.7	0	3.2	1.1	0.7	23.2	2.9	2.9
26	75.1	1.3	0.7	0.8	0	2.1	0.9	14.1	2.6	0.3
27	61.3	0.9	1.1	0.9	0	3.9	3.1	19.3	8.1	0.6
28	58.5	0.9	0.9	2.1	0.9	0.9	10.2	24.5	0.3	0.3
29	65.1	1.2	0.8	4.2	1.3	0.9	0.9	5.8	18.3	1.0
平均值	66.7	1.4	2.4	1.9	1.1	2.0	3.0	14.0	5.5	1.1

三个层位砂岩均以石英为主,但本溪组石英、黄铁矿及高岭石含量高于其他两组,太原组铁白云石含量最高,山西组长石含量最高,太原组与山西组伊利石含量均较高(表3-2)(图3-1)。黄铁矿多反映沉积时水体的氧化还原特征,铁白云石为晚成岩期矿物。煤受热可分解出有机酸,含煤地层水多偏酸性。黏土胶结物在酸性成岩环境下主要形成高岭石,碱性成岩环境下主要形成伊利石,长石(特别是斜长石)在酸性成岩环境下较易被溶蚀转化。因此,本溪组砂岩自始至终处于酸性成岩环境;太原组砂岩成岩早至中期成岩环境为酸性,晚期偏碱性;山西组砂岩成岩环境的酸性自始至终不强。

表 3-2 各层位砂岩的矿物含量分布

单位:%

层位	石英	长石	黄铁矿	方解石	菱铁矿	铁白云石	伊利石	高岭石	绿泥石
山西组	66.4	5.8	0.7	2.1	2.6	1.6	15.7	2.4	1.7
太原组	64.1	2.8	1.6	0.4	1.9	5.1	17.5	5.0	0.7
本溪组	72.6	2.0	4.8	0.8	0.9	1.2	3.9	12.0	0.7

3.2.2 样品铸体薄片显微镜鉴定结果

致密砂岩样品铸体薄片显微镜鉴定结果与XRD测试结果一致。如图3-2和图3-3所

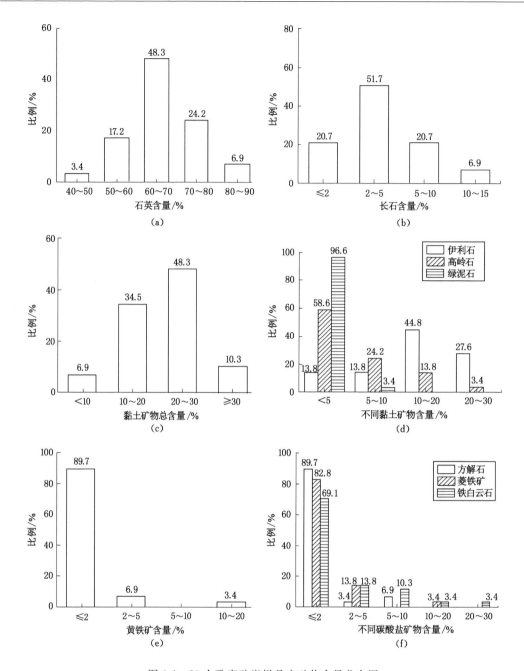

图 3-1　29 个致密砂岩样品中矿物含量分布图

示,样品以岩屑砂岩为主(占总数的 58.6%),次为岩屑石英砂岩(占总数的 24.2%),含少量长石岩屑砂岩(占总数的 13.8%)和石英砂岩(占总数的 3.4%)。仅就石英、长石、岩屑三种碎屑而言,石英平均含量为 63.4%,长石平均含量为 6.5%,岩屑平均含量为 30.1%,样品主要成分特征是富含石英和岩屑,贫长石。

　石英以单晶石英为主,含少量多晶石英[图 3-4(a)]和燧石,多晶石英主要位于粗粒砂岩中。长石以斜长石为主[图 3-4(b)],含少量钾长石。岩屑主要为变质岩岩屑,次为火成岩岩屑,变质岩岩屑以浅变质的泥板岩、绢云母千枚岩[图 3-4(c)]为主(平均含量 16.4%),含少量石英岩岩屑,火成岩岩屑以酸性喷出岩岩屑为主。砂岩中见少量被挤压弯曲的云母碎片[图 3-4(d)],偶见绿帘石[图 3-4(e)]、电气石[图 3-4(f)]等重矿物。

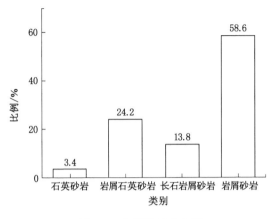

图 3-2　砂岩类型分布图

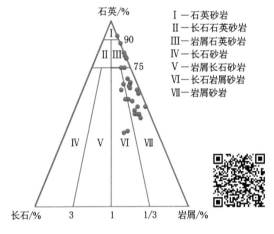

图 3-3　砂岩三端元分类图

（a）粗粒岩屑石英砂岩,单晶与多晶石英,9号,12.5×+
　　（表示在正交偏光条件下放大12.5倍,下同）

（b）斜长石,聚片双晶,6号样品,100×+

图 3-4　致密砂岩的显微镜照片与 SEM(扫描电镜)照片(一)

（c）粗粒岩屑砂岩，泥板岩及千枚岩岩屑，7号，12.5×-
（表示在单偏光条件下放大12.5倍，下同）

（d）云母碎片，23号样品，100×+

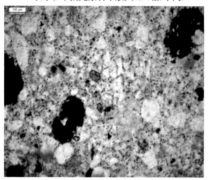

（e）绿帘石颗粒，30号样品，100×-

（f）粒装绿帘石和电气石，29号样品，100×-

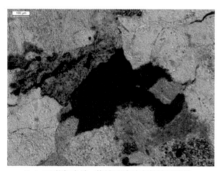

（g）石英加大边，菱铁矿胶结交代碎屑颗粒，
8号样品，100×-

（h）丝缕状伊利石与自生石英共生，充填粒间孔，
10号样品，1 200×，SEM

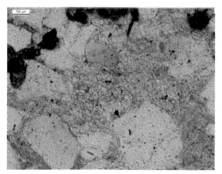

（i）自生高岭石胶结物呈书页状充填粒间孔隙，22号，100×-

（j）书页状高岭石集合体充填粒间孔，10号，2 400×，SEM

图 3-4（续）

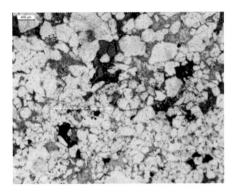

(k) 铁白云石胶结交代碎屑颗粒,团块状黄铁矿,12号,25×-

(l) 铁白云石胶结交代碎屑颗粒,17号样品,50×

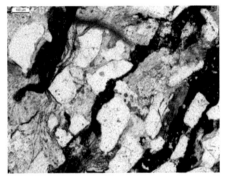

(m) 黄铁矿和菱铁矿胶结碎屑颗粒,27号样品,100×-

(n) 条带状分布的黄铁矿,29号样品,100×-

图 3-4(续)

填隙物主要为泥质杂基[图 3-4(c)],其次为各种胶结物如石英加大边[图 3-4(g)]、自生石英晶体[图 3-4(h)]、自生伊利石[图 3-4(h)]、自生高岭石[图 3-4(i)(j)]、铁白云石[图 3-4(k)(l)]、黄铁矿[图 3-4(m)(n)]和菱铁矿[图 3-4(m)]等胶结物,偶见白云石等胶结物。泥质杂基孔隙式分布,部分发生水云母化。石英砂岩与岩屑石英砂岩中石英加大边较发育,为Ⅱ～Ⅲ级,宽度为 0.01～0.05 mm;岩屑砂岩及长石岩屑砂岩中石英加大边不发育或少量发育。扫描电镜或显微镜下可观察到丝缕状自生伊利石[图 3-4(h)]、书页状自生高岭石[图 3-4(i)(j)]充填孔隙,铁白云石[图 3-4(k)(l)]常胶结交代碎屑颗粒,菱铁矿、黄铁矿常常呈分散粒状、团块状或条带状[图 3-4(m)(n)]分布。显微镜下观察到的砂岩样品中均不含铁方解石胶结物。

因砂岩塑性岩屑、泥质杂基含量普遍较高,故砂岩整体成分成熟度为较低至中等。

显微镜下对砂岩结构进行了鉴定,结果见表 3-3。大多数砂岩是中至粗粒结构(占 75.9%),少量为含砾粗粒及细粒结构[图 3-5(a)]。砂岩碎屑颗粒间的主要接触方式为点至线状接触,占总数的 57.1%,次为线状接触,含少量点状、游离至点状及线至凹凸状接触[图 3-5(b)]。砂岩主要胶结类型是孔隙式,占总数的 72.4%,含少量孔隙至基底式及基底式[图 3-5(c)]。42.9%的砂岩分选性好,32.1%的砂岩分选性中等,25.0%的砂岩分选性较差[图 3-5(d)]。砂岩磨圆度以次棱角至次圆状为主,占 57.1%,其次为次圆至次棱角状、次圆状、次棱角状[图 3-5(e)]。砂岩整体结构成熟度为较低至中等。

表 3-3 致密砂岩样品铸体薄片鉴定结果

样品编号	结构特征									孔隙				裂缝		最大孔径,一般孔径/mm	岩石定名
	最大粒径,一般粒径/mm	接触方式	胶结类型	分选性	磨圆度	风化程度	石英加大边 频度	石英加大边 宽度/mm	期次	原生粒间孔	粒间溶孔	粒内溶孔	晶间孔	构造缝	面孔率/%		
1	0.83、0.26~0.48	线	孔隙式	好	次圆	中	少量	0.01~0.03	II	0	3	1	√	0	4	0.30、0.11~0.19	含泥中粒岩屑砂岩
2	1.94、0.29~0.84	点-短线	孔隙式	中	次棱角-次圆状	中-强	少量	0.01~0.06	II	0	√	0	0	0	√	—	泥质粗-中粒岩屑砂岩
3	0.80、0.28~0.48	点-短线	孔隙式	好	次圆状	强	少量	0.01~0.03	II	0	√	0	0	0	√	—	泥质云质中粒长石岩屑砂岩
4	1.38、0.27~0.74	线-凹凸	孔隙式	差	次圆状-次棱角	弱	√	0.01~0.02	II	√	4	√	√	0	4	0.60、0.08~0.32	含泥粗-中粒岩屑石英砂岩
5	0.91、0.29~0.57	点-短线	孔隙式	中	次圆状-次棱角	中-强	少量	0.01~0.06	II-III	0	1	3	0	0	4	0.51、0.13~0.22	粗-中粒岩屑砂岩
6	0.70、0.14~0.28	游离-点	基底式	中	次圆状	中	0	0	0	0	0	0	0	0	√	—	泥质中-细粒岩屑砂岩
7	2.24、0.51~1.50	点	孔隙式	中	次棱角-次圆状	强	部分	0.01~0.04	II-III	0	√	5	0	0	5	0.35、0.04~0.22	含云含泥粗粒岩屑砂岩
8	2.52、0.53~1.10	点-短线	孔隙式	好	次棱角-次圆状	强	少量	0.01~0.05	II-III	0	√	4	√	0	4	2.30、0.01~0.17	含泥粗粒长石岩屑砂岩
9	1.80、0.70~1.12	线	孔隙式	好	次棱角-次圆状	中等-弱	少量	0.01~0.04	II	√	4	2	2	0	8	0.90、0.05~0.60	含泥粗粒岩屑砂岩
10	0.90、0.28~0.46	线	孔隙式	好	次圆状-次棱角	中等	少量	0.01~0.02	II	√	2	√	√	0	2	0.36、0.08~0.33	含泥中粒岩屑石英砂岩

表3-3(续)

样品编号	结构特征 最大粒径，一般粒径/mm	接触方式	胶结类型	分选性	磨圆度	风化程度	石英加大边 频度	石英加大边 宽度/mm	石英加大边 期次	孔隙 原生粒间孔	孔隙 粒间溶孔	孔隙 粒内溶孔	孔隙 晶间孔	裂缝 构造缝	面孔率/%	最大孔径，一般孔径/mm	岩石定名
11	0.52,0.08~0.15	点-短线	基底-孔隙式	中	次棱角	中-强	0	0	0	0	0	0	0	0	√	—	泥质细-极细粒岩屑砂岩
12	1.10,0.26~0.48	长线-凹凸	孔隙式	差	次圆状	/	√	0.01~0.02	II	0	0	0	0	0	√	—	含泥中粒岩屑石英砂岩
13	1.64,0.28~0.48	点-短线	孔隙式	中	次棱角-次圆状	中	√	0.01~0.02	II	0	0	0	0	0	√	—	泥质中粒长石岩屑砂岩
14	0.85,0.21~0.49	点-短线	孔隙-基底式	差	次圆状	中	0	0	0	0	0	0	0	0	√	—	含菱铁矿泥质细-中粒长石岩屑砂岩
15	4.00,0.55~1.38	短线	孔隙式	差	次圆状	中	√	0.01~0.03	II	0	4	3	0	0	12	1.88,0.20~0.31	含泥含砾粗粒岩屑砂岩
16	2.04,0.53~1.38	点-短线	孔隙式	中	次棱角-次圆状	强	少量	0.01~0.05	II	0	1	√	0	0	1	0.46,0.14~0.27	含泥粗粒岩屑砂岩
17	1.28,0.42~0.87	点-短线	孔隙式	中	次棱角-次圆状	中-强	0	0	0	0	√	√	0	0	√	—	云质中-粗粒岩屑石英砂岩
18	1.98,0.73~1.46	线	孔隙式	好	次棱角-次圆状	中等	√	0.02~0.04	II	0	√	0	0	0	√	—	含泥中-粗粒岩屑石英砂岩
19	1.50,0.56~0.86	点-短线	孔隙-基底式	好	次棱角-次圆状	中等-强	少量	0.01~0.02	II	0	0	0	0	0	√	—	含泥粗粒岩屑砂岩
20	1.30,0.68~1.21	短线	孔隙式	好	次棱角-次圆状	中等-强	少量	0.01~0.03	II	0	3	3	√	0	11	1.98,0.22~1.22	泥质粗粒岩屑砂岩

表3-3(续)

| 样品编号 | 最大粒径,一般粒径/mm | 结构特征 | | | | | 石英加大边 | | | 孔隙 | | | | 裂缝 | 面孔率/% | 最大孔径,一般孔径/mm | 岩石定名 |
		接触方式	胶结类型	分选性	磨圆度	风化程度	频度	宽度/mm	期次	原生粒间孔	粒间溶孔	粒内溶孔	晶间孔	构造缝			
21	0.82,0.26~0.49	点-短线	孔隙-基底式	好	次棱角-次圆状	强	0	0	0	0	√	1	1	0	2	0.25,0.03~0.20	泥质中粒岩屑砂岩
22	1.02,0.26~0.46	点-短线	孔隙-基底式	好	次棱角-次圆状	强	√	0.01~0.03	II	0	√	0	0	0	√	—	含云泥质中粒岩屑砂岩
24	0.93,0.25~0.45	线-凹凸	孔隙式	好	次棱角-次圆状	中	少量	0.01~0.03	III	0	3	1	3	1	8	0.67,0.05~0.52	中粒石英砂岩
25	2.68,0.58~1.18	点-短线	孔隙式	差	次棱角-次圆状	强	0	0	0	0	0	0	0	0	√	—	泥质粗粒砂岩
26	1.98,0.44~0.73	短线-点	孔隙-基底式	差	次棱角-次圆状	强	0	0	0	0	1	4	2	0	7	0.21,0.04~0.14	含泥中粗粒岩屑砂岩
27	0.55,0.15~0.35	点-线状	孔隙式	中	次棱角状	强	0	0	0	0	0	0	0	0	√	—	泥质菱铁质中粒岩屑砂岩
28	1.04,0.41~0.66	短线-点	孔隙式	差	次棱角-次圆状	强	√	0.01~0.02	II	0	√	0	0	0	√	—	含云泥质粗-中粒岩屑砂岩
29	0.53,0.14~0.22	游离-点	基底式	好	次圆状	中	少量	0.02~0.03	II	0	√	0	0	0	√	—	泥质细粒岩屑砂岩

注:"√"表示偶见;"—"表示未见;"—"表示孔隙大小无法测量。

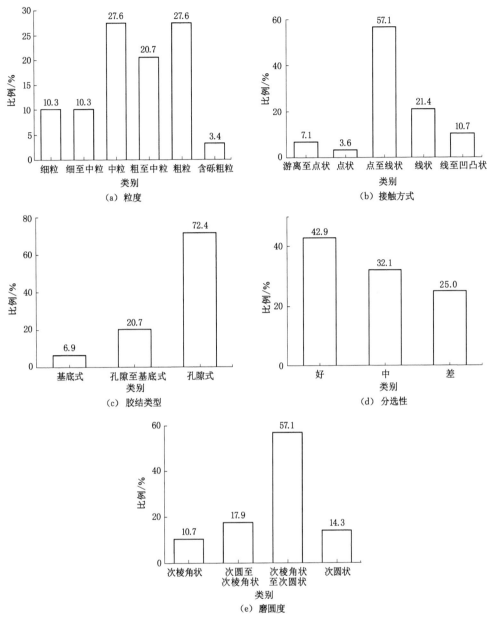

图 3-5　砂岩的结构成熟度分布图

3.3　砂岩样品孔隙结构

孔隙结构是指储层岩石所具有的孔隙和喉道的大小、形状、分布、连通性及孔喉配置关系等。它是各类孔隙与喉道的组合，是孔喉发育总貌。储层的物性包括其孔隙度、渗透率、饱和度等。储层的孔隙结构与物性是储层研究的基本对象，是定量表征储层的基本参数，是储层的认识、评价和产能预测的核心内容，与油气层改造和采收率提高都息息相关。孔隙结构控制储层物性。本章节通过显微镜下铸体薄片、扫描电镜及压汞测试等直接或间接方法来研究储层砂岩的孔隙结构特征和物性特征。

3.3.1　孔隙喉道形貌

如表 3-3 所示,显微镜下观察到 50% 左右的砂岩样品无可见大孔,微小孔隙在显微镜下很难测量到。砂岩致密往往有三种原因:一、泥质杂基及黏土矿物胶结物含量过高,导致全岩致密,如 21 号样品[图 3-6(a)(b)];二、岩屑砂岩中含有 15%～25% 的塑性泥板岩岩屑及绢云母千枚岩岩屑,被压实呈假杂基状,大大降低砂岩的孔隙度和渗透率,导致砂岩致密,例如 8 号、7 号样品[图 3-6(c)];三、大量铁白云石或菱铁矿胶结交代导致岩石致密,如 17 号[图 3-4(l)]、27 号[图 3-4(m)];四、以上因素组合作用导致砂岩致密,如 14 号[图 3-6(d)]。塑性岩屑、黏土矿物或者自生碳酸盐胶结物堵塞孔喉是导致砂岩孔隙度和渗透率极低的常见原因。压实作用和胶结作用(特别是压实作用)是砂岩致密的关键因素。

在另外 50% 砂岩中,多数样品孔隙发育差,面孔率为 2%～5%,少数样品孔隙发育较好,面孔率为 7%～12%,多为含砾粗粒及粗粒砂岩[图 3-6(e)(f)(g)]。孔径分布范围主要集中在 0.05～0.50 mm 之间,孔隙连通性差。孔隙类型主要为粒内溶孔、粒间溶孔、铸模孔[图 3-6(e)(f)(g)(h)],少量为残余原生粒间孔和高岭石、伊利石等黏土矿物晶间孔[图 3-4(h)(j)(i)]。喉道类型主要为片状、弯片状、管束状。

（a）　泥质杂基导致岩石致密,21号,12.5×-

（b）　砂岩表面黏土化,大量黏土矿物致砂岩致密,全貌,21号,200×,SEM

（c）　含云含泥粗粒岩屑砂岩,泥板岩及千枚岩岩屑假基状充填孔隙使砂岩致密,7号,12.5×-

（d）　泥质杂基与团块状菱铁矿使砂岩致密,14号,12.5×-

图 3-6　致密砂岩的显微镜照片与 SEM 照片(二)

（e）粒间溶孔、铸模孔、粒内溶孔，20号，12.5×-

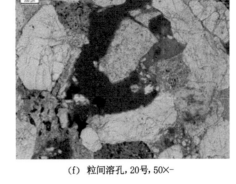

（f）粒间溶孔，20号，50×-

（g）铸模孔、粒内溶孔，15号，12.5×-

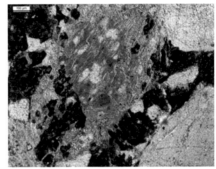

（h）铁白云石胶结物，粒内溶孔，7号，100×-

（i）条带状凌铁状矿，黏土矿物晶间孔，26号，50×-

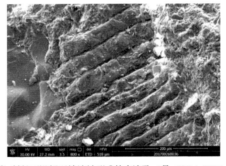

（j）斜长石沿解理缝溶蚀形成粒内溶孔，6号，800×，SEM

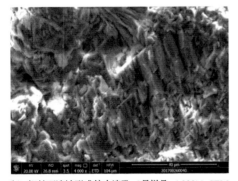

（k）钾长石溶蚀形成粒内溶孔，3号样品，4 000×，SEM

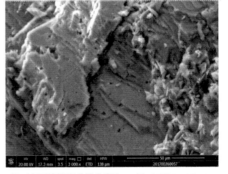

（l）长石表面溶蚀形成粒内溶孔，18号，3 000×，SEM

图 3-6（续）

（m）斜长石伊利石化，伊利石晶间孔，14号，5 000×，SEM

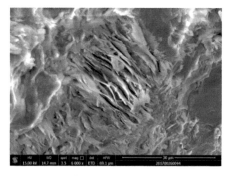

（n）斜长石转化为伊利石，晶间孔，28号，6 000×，SEM

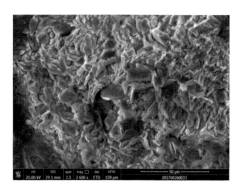

（o）钾长石高岭石化，9号，2 600×，SEM

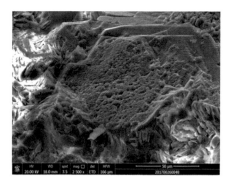

（p）石英表面溶蚀，形成粒内溶孔，16号，2 500×，SEM

图 3-6（续）

由表 3-3 和图 3-6 可以看出，部分致密砂岩样品之所以孔隙度较高是因为溶蚀作用。溶蚀作用可以大幅度改善致密砂岩的孔隙度和渗透率，尤其是发育铸模孔，使得部分砂岩的面孔率超过 10%。次生溶孔一般由岩屑[图 3-6（h）]、长石、粒间杂基[图 3-6（f）]被溶蚀而形成。长石多呈中等至强烈风化，长石常被溶蚀形成粒内溶孔[图 3-6（j）（k）（l）]，或长石被黏土化形成晶间孔，如斜长石伊利石化[图 3-6（m）]、云母化[图 3-6（n）]，钾长石高岭石化[图 3-6（o）]。石英也会被溶蚀形成粒内溶孔[图 3-6（p）]，这种情况并不普遍。

从薄片中看，砂岩中显微裂缝不发育，构造缝、成岩缝和溶蚀缝均不发育，仅部分砂岩中偶见显微构造缝[图 3-7（a）]，缝宽介于 0.01～0.02 mm 之间，并贯穿几个较大的原生粒间孔，长度延伸较大，几乎贯穿整个薄片。扫描电镜下，见到部分砂岩中有 2～10 μm 的显微裂缝发育[图 3-7（b）]。显微裂缝可极大提高致密砂岩渗透率，使其呈数量级上升。

3.3.2 孔隙结构定量表征

在低孔低渗砂岩中，孔隙结构控制和影响流体的分布特征、渗流特征和驱油效率，最终决定储层的储集性能和产能（汪新光等，2011），即决定储层的优劣。若要经济有效地开发好这类低孔低渗油气藏，仅用常规孔渗是无法正确评价储层性质的，必须研究砂岩的孔隙结构，结合多种参数对储层进行评价。因此本书以压汞参数为基础，定性与定量地分析了砂岩的孔隙结构特征，在此基础上进行储层分类与评价。

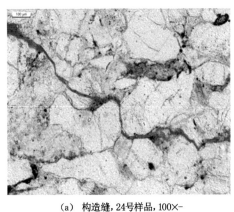

(a) 构造缝,24号样品,100×- (b) 偶见宽约5.5 μm微裂缝,17号,1 600×,SEM

图 3-7 致密砂岩的显微镜照片与 SEM 照片

通过对致密砂岩进行压汞测试分析,计算出表征孔隙结构的压汞参数,如表 3-4 所示。压汞数据显示致密砂岩样品孔隙度介于 1.2%～9.5%之间,平均值为 5.23%,均为特低孔型含气储层(图 3-8)。砂岩渗透率为$(0.002\sim4.320)\times10^{-3}$ μm^2,其平均值为 0.313×10^{-3} μm^2,86.2%的砂岩渗透率低于 0.1×10^{-3} μm^2(图 3-9),为特低渗型含气储层,13.8%的砂岩渗透率为$(0.1\sim10)\times10^{-3}$ μm^2,为低渗型含气储层(于兴河,2009)。去掉因裂隙发育导致高渗透率的 23 号样,砂岩孔隙度与渗透率有较好的相关性(图 3-10)。

表 3-4 致密砂岩的压汞参数

样品号	孔隙度/%	渗透率/($\times10^{-3}$ μm^2)	排驱压力/MPa	最大孔喉半径/μm	平均喉道半径/μm	V_c/%	最大进汞饱和度/%	退汞效率/%	分选系数	相对分选系数	歪度	中值压力/MPa	中值半径/μm	特征系数	峰态
1	4.75	0.028	0.01	73.54	9.85	46.22	83.91	39.62	3.62	0.37	0.78	9.68	0.08	0.000 3	2.17
2	3.82	0.017	0.30	24.51	2.64	42.89	60.97	30.30	3.98	0.58	1.63	16.18	0.05	0.009 3	2.93
3	5.90	0.009	0.01	73.54	8.72	20.94	60.54	32.78	4.68	0.59	1.43	62.30	0.01	0.000 3	2.26
4	5.81	0.008	2.00	0.37	0.06	9.16	72.46	66.29	3.50	0.34	1.29	36.42	0.02	8.944 3	1.72
5	4.51	0.006	0.40	73.54	10.22	30.46	81.22	30.40	4.05	0.39	0.65	44.03	0.02	0.000 3	1.81
6	3.50	0.007	0.30	2.45	0.29	4.98	23.87	29.80	5.33	1.59	2.15	—	—	0.123 9	4.69
7	6.30	0.033	0.21	73.54	7.95	49.55	73.53	36.87	3.58	0.43	1.55	7.66	0.10	0.001 5	3.05
8	6.06	0.035	0.12	73.54	9.82	53.20	66.58	30.20	3.70	0.53	1.58	4.78	0.15	0.000 9	3.02
9	9.40	0.037	0.30	2.45	0.38	47.68	76.08	39.49	3.14	0.34	1.68	8.77	0.08	0.669 4	3.09
10	4.57	0.030	0.50	1.47	0.27	49.54	99.73	38.54	2.03	0.16	0.14	7.50	0.1	4.669 3	1.81
11	1.20	0.002	0.50	1.47	0.22	8.37	29.13	29.90	5.23	1.34	1.94	—	—	0.233 7	3.85
12	3.49	0.007	0.50	1.47	0.15	27.15	61.69	31.31	4.15	0.51	1.45	34.20	0.02	1.526 6	2.23
13	5.13	0.040	0.15	24.51	2.36	44.18	75.27	38.46	3.57	0.4	1.53	12.35	0.06	0.029	2.76
14	3.80	0.004	1.00	1.47	0.24	27.13	52.35	41.29	4.65	0.69	1.57	91.77	0.01	0.186 6	2.63

表3-4(续)

样品号	孔隙度/%	渗透率/(×10⁻³μm²)	排驱压力/MPa	最大孔喉半径/μm	平均喉道半径/μm	V_c/%	最大进汞饱和度/%	退汞效率/%	分选系数	相对分选系数	歪度	中值压力/MPa	中值半径/μm	特征系数	峰态
15	9.50	0.185	0.01	73.54	9.82	53.20	66.58	29.30	3.70	0.53	1.58	4.78	0.15	0.000 9	3.02
16	5.13	0.040	0.15	14.71	2.36	44.18	75.27	38.46	3.57	0.40	1.53	12.35	0.06	0.029	2.76
17	2.32	0.003	1.00	2.45	0.29	12.43	43.91	31.80	5.22	0.87	1.62	—	—	0.018 7	2.72
18	6.42	0.085	0.30	2.45	0.41	66.32	99.94	46.07	1.83	0.15	0.27	3.90	0.19	4.148 1	2.35
19	3.76	0.008	0.13	73.54	11.91	40.41	67.66	35.39	4.22	0.54	1.50	25.04	0.03	0.000 2	2.75
20	9.50	0.055	0.02	3.68	0.61	40.57	71.75	31.65	3.65	0.42	1.67	19.44	0.04	0.301 6	2.95
21	6.50	0.051	0.05	14.71	1.18	38.71	64.15	27.51	3.96	0.50	1.55	21.70	0.03	0.091 9	2.61
22	4.80	0.007	0.60	9.19	0.92	27.77	61.17	46.58	4.28	0.55	1.52	39.83	0.02	0.026	2.46
23	2.30	4.324	0.01	73.54	18.18	25.15	50.50	17.20	4.88	0.93	1.78	105.00	0.01	0.049 9	3.31
24	9.30	0.050	0.80	0.92	0.23	57.00	74.26	50.38	2.88	0.33	1.51	5.18	0.14	2.574 8	2.63
25	4.88	0.103	0.30	3.68	0.69	29.50	67.44	39.25	4.18	0.49	1.59	53.46	0.01	0.751 3	2.62
26	8.48	0.183	0.30	2.45	0.38	50.55	76.61	48.47	3.03	0.33	1.69	7.05	0.104	3.635 8	3.15
27	3.90	0.005	1.80	0.41	0.16	11.24	42.16	27.97	5.30	0.91	1.64	—	—	0.429 5	2.77
28	4.75	0.003	0.50	1.47	0.17	40.79	82.6	30.81	2.58	0.24	1.59	10.78	0.07	0.161 2	2.81
29	1.90	0.004	0.10	73.54	21.53	31.20	51.94	24.38	4.64	0.9	1.78	49.46	0.01	0	3.35
最小值	1.20	0.002	0.01	0.37	0.06	4.98	23.87	17.20	1.83	0.15	0.14	3.90	0.01	0	1.72
最大值	9.50	4.324	2.00	73.54	21.53	66.32	99.94	66.29	5.33	1.59	2.15	105.00	0.19	8.94	4.69
平均值	5.23	0.19	0.46	7.96	4.21	35.53	65.97	35.88	3.90	0.56	1.45	27.74	0.06	0.99	2.77

注:① "—"表示无数据;② "V_c"表示孔径大于 0.1 μm 的孔喉累积进汞量,%。

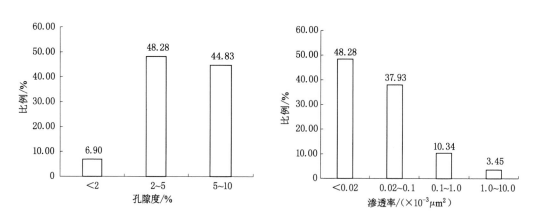

图 3-8 致密砂岩中孔隙度分布图   图 3-9 致密砂岩中渗透率分布图

通过对砂岩样品的压汞资料进行分析,将表征孔隙结构的参数分为三大类(如下文所述),并探讨致密砂岩储层的孔隙结构特征及其与孔隙度、渗透率之间的关系。

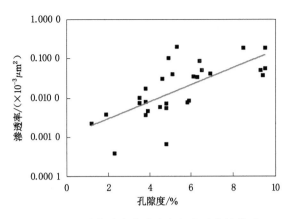

图 3-10 致密砂岩中孔隙度与渗透率的关系

① 反映孔喉大小的特征参数:本砂岩样品最大孔喉半径介于 $0.37\sim73.54\ \mu\text{m}$ 之间,平均 $7.96\ \mu\text{m}$,平均孔喉半径介于 $0.06\sim21.53\ \mu\text{m}$ 之间,平均值为 $4.21\ \mu\text{m}$,大于 $0.1\ \mu\text{m}$ 的孔喉累积进汞量(V_c,%)在 $4.98\%\sim66.32\%$ 之间,平均值为 35.53%,大孔喉连通的体积所占比例较低,说明孔喉连通性差。它们与渗透率呈一定的正相关性[图 3-11(a)(b)(c)(d)]。多数砂岩以微孔微至细喉为主,少量砂岩从微孔微喉到大孔粗喉均有分布,喉道属于片状、弯片状、管束状喉道。整体上来说微孔微喉发育是本区特低渗至超低渗储层的一个重要控制因素。

② 反映孔喉分选性的特征参数:分选系数分布在 $1.83\sim5.33$ 之间,平均值为 3.90,相对分选系数分布在 $0.15\sim1.59$,平均值为 0.56,分选系数与相对分选系数整体较高,表明多数砂岩孔喉分选性较差。特征系数介于 $0\sim8.94$ 之间,平均值为 0.99,其中 80% 的砂岩特征系数小于 1,反映砂岩的孔隙结构差,孔喉连通程度差。分选系数与相对分选系数与渗透率具有负相关性[图 3-11(e)(f)]。

③ 反映孔喉渗流能力的特征参数:本砂岩最大进汞饱和度在 $23.87\%\sim99.94\%$,平均值 65.97%,最大进汞饱和度与渗透率有正相关性[图 3-11(g)]。其中,13.8% 的砂岩渗透率过低导致最大进汞饱和度低于 50%,无中值压力;剩余样品中值压力介于 $3.90\sim$

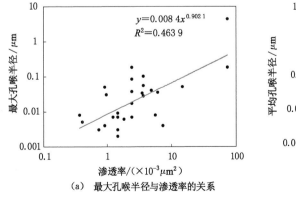

（a） 最大孔喉半径与渗透率的关系

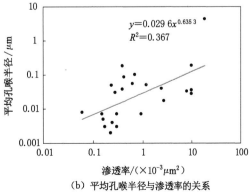

（b） 平均孔喉半径与渗透率的关系

图 3-11 各压汞参数与渗透率的关系

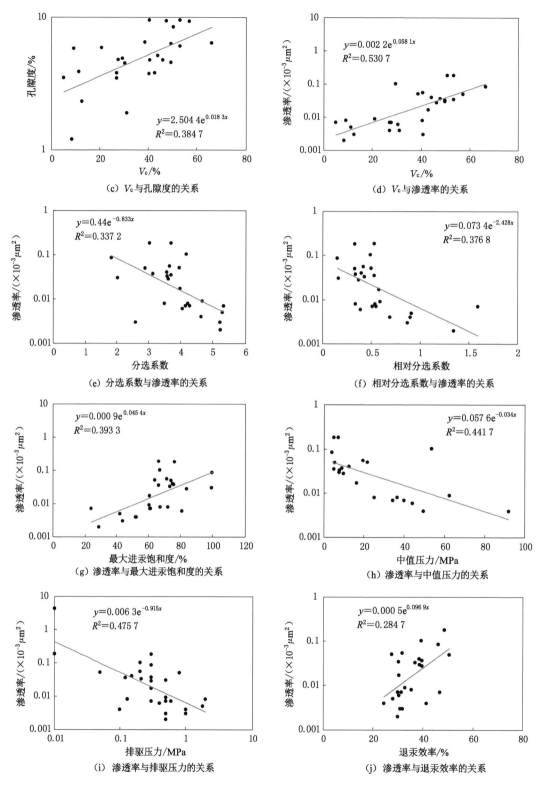

（c）V_c 与孔隙度的关系

（d）V_c 与渗透率的关系

（e）分选系数与渗透率的关系

（f）相对分选系数与渗透率的关系

（g）渗透率与最大进汞饱和度的关系

（h）渗透率与中值压力的关系

（i）渗透率与排驱压力的关系

（j）渗透率与退汞效率的关系

图 3-11（续）

105.00 MPa 之间,平均值为 27.74 MPa,砂岩中值压力与渗透率呈负相关性[图 3-11(h)]。排驱压力介于 0.01~2.00 MPa 之间,平均值为 0.46 MPa,排驱压力越高,渗透率越低,二者具有负相关性[图 3-11(i)]。退汞效率一般为 17.20%~66.29%,平均值为 35.88%,退汞效率与渗透率具有正相关性[图 3-11(j)]。最大进汞饱和度普遍不高,中值压力普遍高,总体排驱压力较高,退汞效率低,均反映砂岩的渗流能力差,气产能低。

总体来说,致密砂岩储层的孔隙结构参数仅少数与渗透率相关性较好,多数与渗透率有较差的相关性。需要注意两点:① 需要去掉个别因裂隙导致渗透率急剧增大的砂岩(23 号样品),剩下的砂岩压汞参数与孔隙度、渗透率呈一定的相关性;② 歪度与渗透率的相关性很差,甚至与常规储层中的规律相反,故歪度不可用于本研究区特低孔特低渗致密砂岩的孔隙结构分类评价。

3.3.3 孔隙结构评价

常规油气地质通过压汞参数对砂岩的孔隙结构及储层物性进行分类和评价。但是特低孔特低渗的非常规油气储层的孔隙结构分类与评价至今尚无统一的标准。近些年来,相关的研究文献颇丰,但是无论哪种划分方案都存在难以摆脱的矛盾。这是因为常规储层的孔喉是合理配置的,表征其孔隙结构的各参数与孔渗之间存在规律性联系,而致密储层经过强烈的成岩改造后,其孔隙骨架已被变形改造,孔喉结构天然的配置关系已经发生严重的变异,孔隙结构参数与孔渗之间的合理配置已经基本消失。例如,在孔隙度高的砂岩中孔隙类型主要为次生孔隙,连通性较差,故孔渗相关性差,分类时不免有相互矛盾之处;常规砂岩中常作为孔隙结构分类依据的排驱压力在本研究中与砂岩孔渗的相关性较差,不可作为孔隙结构的分类依据。由此可见,特低孔渗储层的孔渗与压汞参数之间不是一般的函数关系,只能根据实际资料,选择与孔渗相关性紧密的压汞参数进行储层相对优劣的划分。

首先,如表 3-5 所示,依据张绍槐(1993)的孔喉分类标准(于兴河,2009),可进行致密砂岩中孔喉大小的的划分。

表 3-5　孔喉分类(据张绍槐,1993)

孔隙	孔隙直径/μm	喉道	吼道半径/μm
大孔	>60	粗喉道	>7.5
中孔	>30~60	中喉道	>0.62~7.5
小孔	10~30	细喉道	0.063~0.62
微孔	<10	微喉道	<0.063

参考前人研究成果(于兴河,2009),依据压汞参数和实际资料,本次研究中选取了以下四个指标做为孔隙结构与储层类型划分的依据,叙述如下。

第一指标,将砂岩按最大进汞饱和度分为两类:最大进汞饱和度≤50%,最大进汞饱和度>50%。

第二指标,进一步将以上两类砂岩按退汞效率或润湿性各分为两类:退汞效率≤30,退汞效率＞30％。

第三指标,再进一步将以上四类砂岩按中值压力分为以下几类:中值压力＞30 MPa,中值压力为 8～30 MPa,中值压力为 3.5～8 MPa。

最后将所有砂岩储层分为 7 类,其中Ⅰa 和Ⅰb 因物性太差可合并成一类,如表 3-6 所示。各类储层压汞参数平均值如表 3-7 所示。

表 3-6　储层类型划分

第一指标	第二指标	第三指标	分类编号		样品编号	气测显示	分类名称
最大进汞饱和度≤50％	退汞效率≤30％	中值压力不存在	Ⅰ	Ⅰa	27 号	干层	高排驱压力-微孔微喉-分选差型
					17 号	干层	
	退汞效率＞30％			Ⅰb	11 号	差气层	
					6 号	差气层	
最大进汞饱和度＞50％	退汞效率≤30％	中值压力＞30 MPa	Ⅱa1		29 号	差气层	低排驱压力-微孔微喉和裂隙-分选差型
					23 号	差气层	
		中值压力≤30 MPa	Ⅱa2		8 号	干层	低排驱压力-微孔细喉-分选中等型
					2 号	干层	
					28 号	干层	
					15 号	气层	
					21 号	干层	
	退汞效率＞30％	中值压力＞30 MPa	Ⅱb1		5 号	差气层	高排驱压力-微孔细至微喉-分选差型
					3 号	干层	
					4 号	差气层	
					14 号	干层	
					22 号	差气层	
					25 号	气层	
					12 号	差气层	
		中值压力 8～30 MPa	Ⅱb2		7 号	干层	低排驱压力-微孔细喉-分选中等型
					1 号	干层	
					16 号	气层	
					13 号	干层	
					20 号	差气层	
					19 号	差气层	
		中值压力 3.5～8 MPa	Ⅱb3		10 号	干层	低排驱压力-微孔细喉-分选好型
					9 号	气层	
					26 号	差气层	
					24 号	差气层	
					18 号	气层	

表 3-7　各类储层压汞参数平均值

储层类型	孔隙度/%	渗透率/(×10⁻³ μm²)	最大进汞饱和度/%	排驱压力/MPa	中值压力/MPa	最大孔喉半径/μm	平均喉道半径/μm	中值半径/μm	V_c/%	分选系数	相对分选系数	歪度	特征系数	退汞效率/%	峰态
I	2.73	0.005	34.77	0.90	—	1.27	0.24	—	9.26	5.27	1.18	1.84	0.20	34.37	3.51
Ⅱa1	2.10	0.004	51.94	0.10	49.46	7.35	21.53	0.01	31.20	4.64	0.90	1.78	0.02	24.38	3.35
Ⅱb1	4.74	0.020	65.27	0.74	51.72	1.57	3.00	0.02	24.59	4.21	0.51	1.36	0.42	41.13	2.25
Ⅱa2	5.28	0.027	68.57	0.24	13.36	6.19	3.45	0.08	43.90	3.55	0.46	1.59	0.07	29.71	2.84
Ⅱb2	5.76	0.034	74.57	0.19	14.42	4.38	5.84	0.06	44.19	3.70	0.43	1.43	0.06	36.74	2.74
Ⅱb3	7.63	0.077	85.32	0.44	6.48	1.85	0.33	0.12	54.22	2.58	0.26	1.06	3.14	44.59	2.61

注:"—"表示未见数据。

I类储层的物性最差。最大进汞饱和度低,高排驱压力,无中值压力,最大孔喉半径小,反映砂岩渗滤性差,非常致密,均为微孔微喉,导致汞难以被压进砂岩。分选系数与相对分选系数很大,特征系数小,进汞曲线陡,无平台,分选极差[图 3-12(a)]。大于 0.1 μm 的孔喉占总孔喉比例很低,反映孔喉均为微孔且连通性差。退汞效率反映了非润湿相毛细管效应采收率(纪友亮,2016)。本类型砂岩的退汞效率低,可知该砂岩气采收率低。I类储层砂岩属于孔喉难以区分的微孔微喉型致密储层,可命名为高排驱压力-微孔微喉-分选差型[图 3-12(b)]。

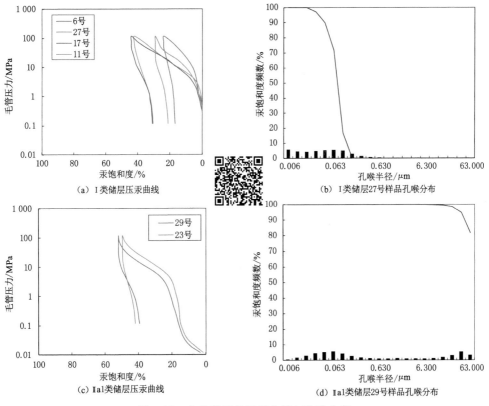

（a）I类储层压汞曲线　　　　（b）I类储层27号样品孔喉分布

（c）Ⅱa1类储层压汞曲线　　　（d）Ⅱa1类储层29号样品孔喉分布

图 3-12　各类储层的压汞曲线与孔喉分布

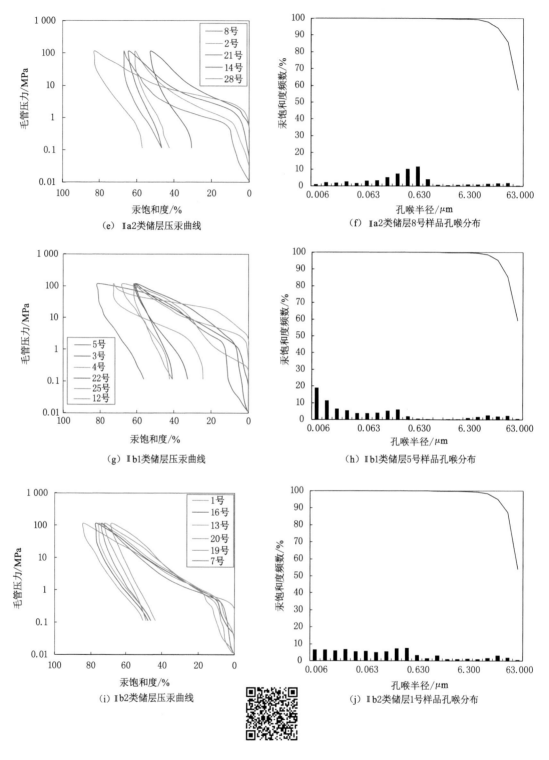

（e）Ⅱa2类储层压汞曲线

（f）Ⅱa2类储层8号样品孔喉分布

（g）Ⅱb1类储层压汞曲线

（h）Ⅱb1类储层5号样品孔喉分布

（i）Ⅱb2类储层压汞曲线

（j）Ⅱb2类储层1号样品孔喉分布

图 3-12（续）

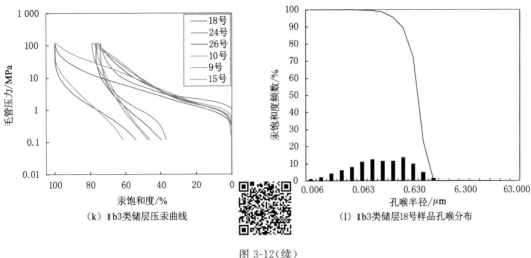

（k）Ⅱb3类储层压汞曲线　　　　　　　　（l）Ⅱb3类储层18号样品孔喉分布

图 3-12（续）

Ⅱa1 类储层砂岩的孔隙度属特低，渗透率不稳定，属特低渗至低渗。超低排驱压力及最大孔喉半径较大说明砂岩中有大孔粗喉，砂岩渗滤性较好。高中值压力及非常小中值半径（中值半径可以近似地代表样品的平均孔喉半径），说明砂岩平均孔喉为微孔微喉。大于 $0.1~\mu\mathrm{m}$ 的孔喉占总孔喉的比例较低，代表较大的孔喉少且孔喉连通性差。分选系数与相对分选系数大，特征系数很小，进汞曲线陡，右上方有明显的凸起，无平台［图 3-12（c）］，说明孔喉分选极差，整体孔喉连通性差。Ⅱa1 类储层砂岩孔喉分布如图 3-12（d）所示，砂岩中仅发育两种孔喉，即大孔粗喉与微孔微喉，二者之间的孔喉基本没有分布，且二者连通性差。这是因为大孔粗喉实际上是微裂隙、矿物结核、泥岩夹层、薄层砂岩之间的层理面等形成的力学薄弱面，如 29 号样品所示（图 3-13）。这就可以用于解释砂岩孔隙度低而渗透率异常高的现象：砂岩致密只发育微孔喉所以孔隙度低，裂隙、层理面的存在导致渗透率异常高。由退汞效率低可知其气相采收率低。Ⅱa1 类储层可命名为低排驱压力-微孔微喉和裂隙-分选差型。

图 3-13　泥岩夹层形成的薄弱面（29 号样品）

Ⅱa2 类储层砂岩孔隙度特低，低渗-特低渗。排驱压力较低及最大孔喉半径较大说明砂岩中有大孔至中孔粗喉，砂岩渗滤性较好。中值压力较低及中值半径小，说明砂岩平均孔喉为微孔微喉至微孔细喉。砂岩中大于 0.1 μm 的孔喉占总孔喉一半左右,这代表较大孔喉连通约一半的孔喉。分选系数及相对分选系数中等,说明砂岩分选中等。特征系数非常小,说明整体孔喉连通性差。进汞曲线有较差的平台,说明分选中等。Ⅱa2 类砂岩曲线的平台部分发育优于Ⅱa1 类和Ⅰ类砂岩[图 3-12(e)],说明Ⅱa2 类砂岩的分选好于Ⅱa1 类和Ⅰ类砂岩。退汞效率低,说明气相采收率低。Ⅱa2 类储层砂岩孔喉分布如图 3-12(f)所示,砂岩中从大孔中粗喉至微孔微喉均有分布,但是以微孔细喉为主。Ⅱa2 类储层可命名为低排驱压力-微孔细喉-分选中等型。

Ⅱb1 类储层砂岩孔隙度特低,特低渗。高排驱压力及小的最大孔喉半径说明砂岩中最大孔喉为微孔细至中喉,砂岩渗滤性差。高中值压力及非常小的中值半径说明砂岩平均孔喉为微孔微至细喉。大于 0.1 μm 的孔喉占总孔喉的比例低,代表较大孔喉占比低。分选系数与相对分选系数较大,说明分选差。特征系数较大,说明整体孔喉连通性较好。进汞曲线无平台[图 3-1(g)],说明分选非常差。退汞效率中等,说明气相采收率中等。Ⅱb1 类储层砂岩孔喉分布如图 3-12(h)所示,从微孔中至细喉到微孔微喉均有分布,但是以微孔细至微喉为主,孔隙不发育、喉道发育是这类砂岩的特征。Ⅱb1 类储层可命名为高排驱压力-微孔细至微喉-分选差型。

Ⅱb2 类储层砂岩具有特低孔、特低渗特征。较低的排驱压力及小的最大孔喉半径说明砂岩中最大孔喉为大孔粗喉,砂岩渗滤性较好。较低中值压力及小的中值半径说明砂岩平均孔喉为微孔细喉。大于 0.1 μm 的孔喉占总孔喉的比例接近 50%,代表较大孔喉的占比相对较高。分选系数及相对分选系数中等,说明砂岩分选中等。特征系数小,说明整体孔喉连通性较差。进汞曲线具有不发育的平台[图 3-12(i)],说明分选中等。退汞效率中等,说明气相采收率中等。Ⅱb2 类储层砂岩孔喉分布如图 3-12(j)所示,从大孔粗喉至微孔微喉均有分布,但是以微孔细喉为主。相对Ⅱb1、Ⅱb3 类储层砂岩来说,Ⅱb2 类储层砂岩的孔隙更发育,有部分大孔、中孔、小孔,而Ⅱb1、Ⅱb3 类砂岩中仅发育微孔。Ⅱb2 类储层可命名为低排驱压力-微孔细喉-分选中等型。

Ⅱb3 类储层砂岩具有特低孔、特低渗特征。较低排驱压力及小的最大孔喉半径说明砂岩中最大孔喉为微孔中喉,砂岩渗滤性较好。低中值压力及小中值半径说明砂岩平均孔喉为微孔小至中喉。大于 0.1 μm 的孔喉占总孔喉的比例为 50%左右,代表较大孔喉的占比较高。分选系数与相对分选系数较小,说明分选较好。特征系数大,说明整体孔喉连通性好。进汞曲线具有较明显的平台[图 3-12(k)],说明分选较好。Ⅱb3 类储层砂岩孔喉分布如图 3-12(l)所示,从微孔中喉至微孔微喉均有分布,但是以微孔细喉为主。退汞效率较高,说明气相采收率较高,Ⅱb3 类储层砂岩物性最好。Ⅱb3 类储层可命名为低排驱压力-微孔细喉-分选好型。

综上,致密砂岩中孔隙以微孔为主,连通性差。将上述六类储层压汞参数与压汞曲线进行对比,每一类型砂岩的压汞曲线形态相似、各压汞参数分布范围较一致,各类型砂岩之间的压汞曲线形态和压汞参数分布有明显的差异。同时,每一类砂岩的压汞参数(孔隙度、渗透率、最大进汞饱和度、最大孔喉半径、排驱压力、中值压力、中值半径、大于 0.1 μm 的孔喉累积进汞量、分选系数、相对分选系数、特征系数、退汞效率、峰态等)大多数按照Ⅰ、Ⅱa1、Ⅱb1、Ⅱa2、Ⅱb2、Ⅱb3 的顺序有规律性地变化,砂岩物性也按照此顺序依次变好。说明本书选择的三个指标成功地对致密砂岩储层类型进行了分类。需要注意的是,Ⅱa1 型砂岩样品中裂隙发育导致排驱压力、最大孔喉半径、平均喉道半径等指标不符合规律。

3.4 砂岩样品地球化学特征

3.4.1 有机地球化学特征

致密砂岩的夹层泥岩中干酪根与附近煤层中干酪根均为Ⅲ型,有机质最高热解峰温为440～480 ℃,镜质体最大反射率为0.94%～1.83%。这说明研究区本溪组-山西组煤系烃源岩普遍处于成熟阶段中至后期,其中紫金山杂岩体周边的烃源岩已达到过成熟阶段,均生成大量天然气,为区内煤系非常规天然气成藏提供了充足的气源。

根据表3-3,致密砂岩中石英加大边以Ⅱ级为主,富含铁白云石,黏土矿物以伊利石为主、次为高岭石,部分岩石中有微量绿泥石,蒙皂石全部消失。部分长石与岩屑发生溶蚀作用,形成粒内溶孔、铸模孔等次生孔隙。依据这些特征,根据我国石油天然气行业标准《碎屑岩成岩阶段划分》(SY/T 5477—2003),可判定本研究区本溪组、太原组、山西组砂岩样品处于中成岩阶段 A-B 期。

与其他岩系中砂岩的成岩作用不同,煤系砂岩致密化的主要原因为压实作用与有机酸的作用。在早成岩阶段煤系砂岩因为富含塑性岩屑和泥质杂基被压实致密,在晚成岩阶段砂岩物性变化较小。在早成岩阶段(地温为 40～50 ℃,R_o 为 0.25%～0.35%),褐煤中的Ⅲ型干酪根经裂解产生大量含氧羧酸,它们进入地层水(有机酸浓度＞10 000 mg/L)后可溶解砂岩中的骨架颗粒长石等铝硅酸盐和早期刚性的碳酸盐胶结物,虽然产生了次生孔隙,但也大大降低砂岩的抗压强度导致煤系砂岩较其他岩系中的砂岩更易被压实致密。因为该反应发生在呈互层状煤层与砂岩层中,二者距离近、酸性物质供应充足、地层平缓、构造稳定、反应时间长,所以进行得较为彻底。当地温升高至 70～80 ℃,R_o 为 0.5%～0.65%时,地层水中不稳定的酸性反应产物(Al^{3+} 和 Si^{2+} 有机酸络合物)就会分解形成 SiO_2 沉淀,形成石英加大边等胶结物,从而导致砂岩进一步致密化(王运所等,2010)。

3.4.2 元素地球化学特征

元素在迁移过程受制于环境(风化、搬运、沉积的环境)理化条件的变化,加上元素间组合方式不同,导致某些元素含量或含量比值在不同的沉积环境下具有相对的稳定性。利用这一特征分析沉积岩中的元素地球化学特征可以追踪元素迁移过程,判定流体的性质和古沉积环境。

3.4.2.1 微量元素

微量元素方法具有较强的稳定性和较好的重现性(王杰,2018)。沉积岩中微量元素含量及其比值对沉积环境条件较为敏感,可以为古环境、古气候、古氧化还原条件、古盐度的变迁提供可靠信息,可用于恢复古沉积环境。研究区本溪组、太原组和山西组泥岩样品中微量元素分析结果如表3-8所示,Rb、Sr、Ba、Zr、Li、V、Zn 的平均含量超过 100 $\mu g/g$,剩下其他微量元素含量均低于 100 $\mu g/g$。由泥岩样品微量元素原始地幔标准化蛛网图(图3-14)可以得知,Sr 与 Y 明显亏损,Rb、Th、U 和 Pb 富集。

(1)古氧化还原条件

U、V、Mo 等微量元素在还原环境中不溶,在氧化环境中易溶,而且一旦沉积下来,就很

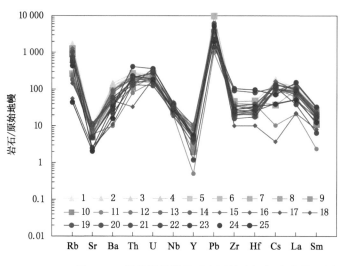

图 3-14　泥岩样品微量元素原始地幔标准化蛛网图

难再次迁移,因此可以作为原始沉积环境的表征,并可用来判别古沉积水体氧化还原条件(Tribovillard et al.,2006)(表 3-8)。

氧化还原条件对部分变价元素的迁移、沉淀有重要控制作用。例如,U、V、Mo、Cr、Co、Ni、Ce、S 等元素在氧化条件下呈高价,溶解度高,易迁移,在还原条件下呈低价,溶解度低,易沉淀;Fe、Mn、Cu、Eu 等元素在氧化条件下呈高价,溶解度低,易沉淀,在还原条件下呈低价,溶解度高,易迁移。并且它们一旦沉积,就很难再迁移,所以它们在沉积物中的含量能够代表沉积时古沉积水体氧化还原条件(Kimura et al,2001;Tribovillard et al.,2006)。

前人总结出了一套可判别古底层水氧化还原条件的微量元素比值指标(Jones et al.,1994),如 V/Cr、Ni/Co、V/(V+Ni)、U/Th、δU(表 3-9)。这一标准被后续研究者不断应用和更新补充。Kimura 等(2001)认为 Th/U 比值 0~2 指示缺氧(还原)环境,随环境的氧化程度提高该比值增大,该比值大于 8 时指示强氧化环境。谢国梁等(2013)认为 V/(V+Ni)=0.4~0.6 为水体分层弱的贫氧环境,V/(V+Ni)=0.6~0.84 为水体分层不强的厌氧环境,V/(V+Ni)>0.84 为反映水体分层及底层水体中出现 H_2S 的厌氧环境。

研究区泥岩样品 V/Cr 范围为 0.58~4.08,平均值为 2.32,以富氧的氧化环境和贫氧的弱氧化-弱还原环境为主,整体为贫氧、弱氧化-弱还原的过渡环境,泥炭沼泽多为贫氧环境,分流间湾多为富氧环境;Ni/Co 范围为 0.97~6.79,平均值为 2.29,以富氧的氧化环境为主;U/Th 范围为 0.18~1.37,平均值为 0.35,以富氧的氧化环境为主;δU 范围为 0.69~1.61,平均值为 0.95,正常水体氧化环境和缺氧还原环境近乎各占一半,其中泥炭沼泽均为缺氧还原环境;Th/U 范围为 0.73~5.69,平均值为 3.56,以贫氧的弱氧化-弱还原环境为主;V/(V+Ni) 范围为 0.46~0.91,平均值为 0.80,沉积时底层水体以水体分层不强的厌氧环境为主,次为水体分层及底层水体中出现 H_2S 的厌氧环境,偶见水体分层弱的贫氧环境,其中泥炭沼泽与潟湖的底层水体多为水体分层及底层水体中出现 H_2S 的厌氧环境。

表 3-8　研究区泥岩样品微量元素分析结果 (μg/g)

样品编号	井号	采样深度/m	层位	沉积微相	Rb	Sr	Ba	Th	U	Nb	Y	Pb	Zr	Hf	Cs	Li
1	SM-12	1 979.2	山$_1$	分流间湾	1 097.34	236.69	828.05	23.43	6.30	22.62	29.56	39.21	284.64	8.63	13.38	520.44
2	SM-12	1 980.32	山$_1$	分流间湾	1 032.02	192.86	750.54	17.06	3.65	23.21	47.82	35.53	321.54	9.51	11.32	79.92
3	SM-15	2 051.00	山$_1$	分流间湾	401.69	151.79	998.55	23.14	5.28	25.26	40.31	28.90	497.14	14.52	11.05	42.47
4	SM-17	2 015.00	山$_2^1$	分流间湾	721.09	161.59	832.80	18.81	5.21	30.79	36.34	37.34	389.55	10.75	10.10	51.70
5	SM-12	2 117.3	太$_2$	分流间湾	672.24	151.20	553.19	16.25	4.49	20.32	29.81	17.30	237.44	7.15	6.46	113.19
6	SM-12	2 119.2	太$_2$	分流间湾	605.25	127.56	354.52	13.61	5.18	17.10	24.08	76.98	440.60	8.66	5.73	83.57
7	SM-16	2 028.50	太$_2$	分流间湾	164.92	209.88	639.13	22.58	4.40	19.33	34.51	21.24	523.78	14.94	2.66	54.35
8	SM-17	2 072.00	太$_2$	泥炭沼泽	806.45	168.58	328.59	14.23	5.63	24.82	18.38	20.52	265.50	7.37	7.35	29.02
9	SM-18	1 966.55	太$_2$	泥炭沼泽	665.83	120.08	335.47	13.80	4.47	17.07	14.13	25.27	235.89	6.14	6.63	105.55
10	SM-18	1 967.5	太$_2$	泥炭沼泽	570.52	104.86	279.30	9.55	4.34	17.88	9.13	28.09	271.65	6.80	7.33	102.68
11	SM-17	2 106.55	本$_1$	潟湖	156.52	121.85	69.69	6.71	3.28	13.34	2.30	7.82	458.82	12.05	0.73	46.21
12	LX-20	1 638.85	山$_1$	分流间湾	137.00	176.00	655.00	18.90	3.32	19.90	42.60	48.00	254.00	8.58	9.76	205.00
13	LX-20	1 697.50	山$_2$	分流间湾	116.00	157.00	622.00	19.40	4.03	28.50	45.70	30.50	315.00	10.00	6.53	61.80
14	LX-20	1 714.26	山$_2$	分流间湾	113.00	117.00	555.00	17.70	3.48	21.20	36.90	33.90	225.00	7.69	7.22	56.90
15	LX-21	1 951.8	山$_2^2$	泥炭沼泽	805.99	171.84	674.20	15.30	3.86	20.79	49.64	46.16	398.03	8.48	11.62	132.63
16	LX-21	1 953	山$_2^2$	泥炭沼泽	35.13	55.74	77.19	11.33	4.19	13.25	15.59	38.27	112.38	3.15	0.27	15.07
17	LX-21	1 993.4	太$_1$	泥坪	90.72	198.37	336.53	2.81	3.84	21.66	22.02	36.26	302.41	7.93	2.91	111.61
18	LX-21	1 995.5	太$_1$	泥坪	404.35	224.05	360.76	11.16	2.61	16.12	19.81	28.94	176.75	5.44	7.39	89.19
19	LX-22	1 950.5	太$_2$	泥炭沼泽	649.06	99.14	256.59	17.40	5.71	25.42	18.02	48.00	393.85	12.11	9.03	198.68
20	LX-26	1 975.3	太$_2$	泥炭沼泽	460.31	42.83	156.01	10.82	7.55	29.86	5.42	10.96	1 026.30	25.11	8.02	217.35
21	LX-21	2 073.3	本$_1$	潟湖	476.35	236.63	409.76	13.66	3.25	18.71	25.73	31.39	221.56	6.68	7.22	115.44
22	LX-23	1 954.57	本$_1$	泥坪	371.14	104.59	224.68	17.44	5.86	21.99	25.47	15.76	264.41	8.20	9.39	31.27
23	LX-23	1 954.79	本$_1$	泥坪	340.07	104.45	195.82	17.17	6.18	22.05	20.18	18.02	281.60	8.83	8.49	32.80
24	LX-101	1 734	本$_1$	泥坪	273.06	51.67	235.50	34.68	7.51	27.46	25.10	16.21	1 164.73	29.70	5.07	195.13
25	LX-20	1 825.10	本$_2$	泥坪	28.00	43.60	111.00	19.40	3.86	19.60	22.90	41.70	313.00	10.50	2.80	221.00
平均值					447.76	141.19	433.59	16.25	4.70	21.53	26.46	31.29	375.02	10.36	7.14	116.52

表 3-8（续）

样品编号	Sc	V	Cr	Co	Ni	Cu	Zn	Ga	Cd	In	V/Cr	Ni/Co	U/Th	δU	Th/U	V/(V+Ni)	Sr/Ba	Sr/Cu
1	10.37	256.01	81.85	31.77	51.11	79.00	139.17	28.12	0.40	0.18	3.13	1.61	0.27	0.89	3.72	0.83	0.29	3.00
2	8.71	180.21	69.43	24.43	38.55	29.67	212.59	24.21	0.56	0.12	2.60	1.58	0.21	0.78	4.68	0.82	0.26	6.50
3	7.03	140.86	75.04	16.61	32.11	24.66	159.18	23.15	0.79	0.13	1.88	1.93	0.23	0.81	4.39	0.81	0.15	6.16
4	6.05	151.74	103.76	17.20	32.24	36.58	159.17	32.80	0.63	0.15	1.46	1.87	0.28	0.91	3.61	0.82	0.19	4.42
5	8.97	255.71	81.19	23.23	40.88	25.91	148.89	20.52	0.36	0.14	3.15	1.76	0.28	0.91	3.62	0.86	0.27	5.84
6	7.29	261.57	71.53	216.83	310.16	67.18	195.10	17.80	0.68	0.10	3.66	1.43	0.38	1.07	2.63	0.46	0.36	1.90
7	15.16	124.17	86.35	33.98	42.89	15.07	104.76	22.82	0.73	0.07	1.44	1.26	0.19	0.74	5.13	0.74	0.33	13.93
8	3.60	161.74	77.78	5.40	15.38	41.67	119.63	17.95	0.43	0.12	2.08	2.85	0.40	1.09	2.53	0.91	0.51	4.05
9	5.29	181.94	52.32	8.60	32.57	44.39	135.70	17.12	0.42	0.09	3.48	3.79	0.32	0.99	3.08	0.85	0.36	2.71
10	2.07	217.39	53.26	19.76	35.31	43.61	155.73	16.57	0.52	0.11	4.08	1.79	0.45	1.15	2.20	0.86	0.38	2.40
11	0.33	64.81	50.82	3.20	12.40	5.29	95.16	11.68	0.68	0.02	1.28	3.87	0.49	1.19	2.04	0.84	1.75	23.04
12	18.60	136.00	85.00	19.40	36.40	41.90	80.20	27.70	0.32	0.10	1.60	1.88	0.18	0.69	5.69	0.79	0.27	4.20
13	19.20	99.70	75.00	10.30	20.10	28.40	110.00	27.70	0.39	0.11	1.33	1.95	0.21	0.77	4.81	0.83	0.25	5.53
14	16.40	82.70	93.90	13.10	21.20	25.80	116.00	24.20	0.37	0.12	0.88	1.62	0.20	0.74	5.09	0.80	0.21	4.53
15	12.33	207.23	73.47	86.29	83.33	53.75	203.73	26.29	0.79	0.16	2.82	0.97	0.25	0.86	3.97	0.71	0.25	3.20
16	3.07	27.75	11.63	3.60	12.80	15.50	24.90	8.44	0.13	0.07	2.39	3.55	0.37	1.05	2.70	0.68	0.72	3.60
17	3.82	144.80	60.26	27.39	39.13	32.50	144.55	22.73	0.42	0.10	2.40	1.43	1.37	1.61	0.73	0.79	0.59	6.10
18	5.43	225.78	61.77	17.97	46.13	22.21	171.58	20.58	0.32	0.11	3.66	2.57	0.23	0.83	4.27	0.83	0.62	10.09
19	7.19	198.91	76.37	20.10	29.53	29.55	55.99	23.85	0.40	0.05	2.60	1.47	0.33	0.99	3.05	0.87	0.39	3.35
20	1.15	154.68	51.82	3.70	25.15	7.91	102.87	16.30	0.91	0.12	2.99	6.79	0.70	1.35	1.43	0.86	0.27	5.41
21	8.57	242.67	73.90	18.59	44.01	25.81	206.51	25.45	0.39	0.12	3.28	2.37	0.24	0.83	4.20	0.85	0.58	9.17
22	5.49	174.05	93.03	23.12	37.44	42.91	54.77	19.90	0.40	0.06	1.87	1.62	0.34	1.00	2.98	0.82	0.47	2.44
23	4.64	159.94	91.00	22.45	37.96	39.36	35.76	18.93	0.40	0.05	1.76	1.69	0.36	1.04	2.78	0.81	0.53	2.65
24	1.15	131.27	83.35	11.17	35.25	11.02	78.94	24.41	1.29	0.14	1.58	3.16	0.22	0.79	4.62	0.79	0.22	4.69
25	12.60	71.50	123.00	10.90	26.60	14.30	24.30	23.60	0.25	0.04	0.58	2.44	0.20	0.75	5.03	0.73	0.39	3.05
平均值	7.78	162.13	74.27	27.56	45.54	32.16	121.41	21.71	0.52	0.10	2.32	2.29	0.35	0.95	3.56	0.80	0.42	5.68

综上所述,研究区本溪组、太原组、山西组泥岩沉积时水体主要以富氧氧化-贫氧弱氧化弱还原环境为主,底层水体以水体分层不强的厌氧环境为主。

表 3-9　古水体氧化还原环境微量元素判别指标

古氧化还原环境	含氧量/(mL/L)	V/Cr (Jones et al.,1994)	Ni/Co (Jones et al.,1994)	U/Th (Jones et al.,1994)	δU (Jones et al.,1994)	V/(V+Ni) (谢国梁等,2013)	Th/U (Kimura et al.,2001)	Ce_{anom}	Fe^{2+}/Fe^{3+} (邓宏文等,1993)
缺氧,还原	<0.2	>4.25	>7.0	>1.25	>1	>0.84	0~2	>−0.10	远大于1
贫氧,过渡	0.2~2.0	2.0~4.25	5.0~7.0	0.75~1.25		0.60~0.84	2~8		较大于1~较小于1
富氧,氧化	>2.0	<2.0	<5.0	<0.75	<1	<0.6	>8	<−0.10	远小于1

注:$\delta U==2U/(Th/3+U)$。

（2）古盐度

古盐度是古沉积环境、海陆变迁的一个重要参数,Sr 含量、B 含量、Ni 含量、Sr/Ba 比值、B/Ga 比值和 Rb/K 比值可作为沉积时水体古盐度的判定指标(彭治超等,2018)(表 3-10)。

表 3-10　水体古盐度微量元素判别指标

古盐度	沉积环境	B/(×10^{-6})	相当 B/(×10^{-6}) (Walker et al.,1963)	Ni/(×10^{-6}) (彭雪峰等,2012)	Sr/(×10^{-6}) (邓宏文等,1993)	B/Ga(郑荣才等,1999)	Sr/Ba (苏联专家)	Sr/Ba (王益友等,1983)	Rb/K (王益友等,1979)
淡水	陆相	<60	<200	一般<30	100~300		<1.0	<0.6	<0.004
半咸水	过渡相		200~300			0.5~1.0		0.6~1.0	
咸水	海相	80~125	300~400	一般>40	800~1 000	1.0~4.0	>1.0	>1.0	>0.006

B/Ga 比值对古盐度具有较好的指示意义。郑荣才等(1999)提出 B/Ga 比值介于 0.5~1.0 时可指示河流三角洲沉积,1.0~4.0 时可指示近岸海相沉积,大于 4.0 时可指示闭塞湖泊相沉积。

Lendergren 等(1969)通过研究现代河口沉积物,总结出水体盐度计算经验公式:

$$S=0.097\ 7B-7.043 \tag{3-1}$$

式中,S 为古盐度,B 为相当硼含量。

锶钡比值随沉积环境盐度的增高而增大(王峰等,2017),在不同地区具体划分标准不一。苏联专家认为淡水沉积物的 Sr/Ba 比值通常小于 1,而海相沉积物则大于 1(同济大学地质系,1980);进一步,Sr/Ba 比值在 0.6~1.0 时为半咸水相,在小于 0.6 时为微咸水相(彭治超等,2018)。王益友等(1983)通过研究江浙海岸带沉积物认为 Sr/Ba 比值大于 1.0 时为海相咸水,小于 0.6 时为陆相淡水,介于 0.6~1.0 之间时为半咸水相。曲星武等(1979)研究了中国大部分地区的现代及古代沉积物,得出古代沉积物中 Sr/Ba 分别为:陆相砂泥岩为 0.1～0.6,潟湖相泥岩为 0.8～1.79,海陆过渡相砂泥岩为 1～2.72,浅海相砂泥岩为 0.9～3.0,海相灰岩 3～10。

研究区泥岩样品 Sr/Ba 范围为 0.15～1.75,平均值为 0.42,以陆相微咸水或淡水环境为主,次为半咸水过渡相,少量为海相环境,整体反映出过渡相特征。其中,潟湖为咸水环境;泥坪多显示海陆过渡相半咸水环境;分流间湾和泥炭沼泽多为陆相微咸水或淡水环境。综上所述,研究区本溪组、太原组、山西组泥岩沉积时水体古盐度主要为陆相微咸水或淡水-过渡相半咸水为主。北部神木井区 Sr/Ba 平均值为 0.44,南部临兴井区 Sr/Ba 平均值为 0.48,说明南部井区受海水影响更明显。比起本溪组和太原组,山西组的 Sr/Ba 比值平均值下降,说明山西组沉积时古水体盐度下降。

(3)古气候

微量元素 Sr、Cu 含量及 Sr/Cu 比值、常量元素 Mg/Ca 比值、Al_2O_3/MgO 比值、SiO_2/Al_2O_3 比值、FeO/MnO 比值、CIA[$CIA = 100 \times Al_2O_3/(Al_2O_3 + CaO^* + Na_2O + K_2O)$]及矿物含量 Kao/(I+Ch)比值均是判别古气候环境的常用指标(Lerman et al.,1978;Zhao et al.,2005;谭聪,2017;李得路,2018;彭治超等,2018),具体指标如表 3-11 所示。CIA 值代表化学风化程度,CIA 值位于 50～65 之间指示寒冷、干燥的气候条件,位于 65～85 之间指示温暖、湿润的古气候,位于 85～100 之间指示炎热、潮湿的热带亚热带条件(李得路,2018)。干旱气候条件下水分大量挥发,水体中 Na、Mg、Ca、Sr、Mn 等元素大量析出沉积,故这些元素容易富集于干旱条件下形成的沉积岩中(彭治超等,2018)。Sr 是喜干型元素,含量低时指示潮湿气候,含量高时指示干旱气候,所以 Sr 含量和 Sr/Cu 比值对气候干湿变化较敏感,Sr/Cu 比值处于 1.3～5 指示温湿气候,而大于 5 指示干热气候(Lerman et al.,1978)。

表 3-11　古气候微量元素判别指标

指标 1			指标 2		
类型	温湿	干热	类型	潮湿	干旱
Sr/Cu	1.3～5	>5	Sr	低含量	高含量
Mg/Ca	低比值	高比值	SiO_2/Al_2O_3	<4	>4
FeO/MnO	高比值	低比值	Al_2O_3/MgO	高比值	低比值

在研究区泥岩样品中,Sr/Cu 比值范围为 1.90～23.04,平均值为 5.68,整体环境为偏温湿的干热环境。半数样品为温湿环境,半数样品为接近温湿的干热环境,具体受控于其沉积微相,例如潟湖往往为干热环境,而泥炭沼泽往往为温湿环境。该结论与杨振宇等(1998)研究结论互相印证,后者根据华北地区石炭纪和二叠纪地层古地磁测定结果确定了研究区当时位于北纬 13.9°附近的热带和亚热带地区。

3.4.2.2　稀土元素

稀土元素由镧系元素和钇共 16 种元素组成,分布广泛,在地质作用过程中经常整体活动,不易遭受风化、热蚀变和变质作用,并很少受沉积期后作用的影响。从源岩到沉积岩再到变质岩,稀土元素分布模式、REE、δEu 及一些稀土(或微量)元素比值(如 La/Yb、La/Th、La/Sc、Co/Th、Th/Sc、Cr/Th、Cr/V、V/Ni 等)没有明显变化,抗迁移性强。这些指标在沉积岩中仍能反映源岩的地化习性,可作为良好的物源指示剂(毛光周等,2011)。目前,细粒泥页岩中的微量及稀土元素分析已被大量用于物源区的确定、沉积古环境的恢复、大陆生长及构造背景的分析(Taylor et al.,1985;Jarvis et al.,1994;Bellanca et al.,1997;Mazumdar et al.,1999)。下面将用研究区泥岩的稀土元素特征进行构造背景、源岩和物源分析。

研究区煤系泥岩稀土元素含量和参数如表 3-12 所示。采用球粒陨石含量(Taylor et al.,1985)进行标准化处理后,绘制出了泥岩样品稀土元素配分模式图(图 3-15)。

$$\sum LREE = La + Ce + Pr + Nd + Sm + Eu \tag{3-2}$$

$$\sum HREE = Gd + Tb + Dy + Ho + Er + Tm + Yb + Lu \tag{3-3}$$

$$\delta Eu = \frac{Eu_{岩}/Eu_{球}}{\sqrt{(Sm_{岩}/Sm_{球}) \times (Gd_{岩}/Gd_{球})}} \tag{3-4}$$

$$\delta Ce = \frac{Ce_{岩}/Ce_{球}}{\sqrt{(La_{岩}/La_{球})/(Pr_{岩}/Pr_{球})}} \tag{3-5}$$

式中,LREE 为轻稀土,HREE 为重稀土,δEu(或 δCe)为 Eu(或 Ce)的异常程度。当 δEu(或 δCe)<0.95 时,为负异常,当 δEu(或 δCe)>1.05 时,为正异常,当 0.95<δEu(或 δCe)<1.05 时,为无异常。

北美页岩的稀土元素特征常被用来代表上地壳中稀土元素特征,故本书将研究区泥岩样品与北美页岩与大陆平均上地壳中的稀土元素特征进行对比,帮助确定物源特征(毛光周等,2011)。泥岩样品稀土元素配分模式图(图 3-15)显示,样品分布曲线整体呈右倾型,其斜率在轻稀土元素处大,在重稀土元素处小,表明区内轻稀土元素富集,重稀土元素弱亏损。而 δEu 范围为 0.27~0.71,均值为 0.58,Eu 负异常明显,与北美页岩 δEu(0.65)较为接近。整体来说,研究区泥岩样品稀土元素配分曲线与上地壳的被动大陆边缘的稀土元素配分曲线较为相似(Bhatia,1985),可初步判定泥岩的源岩来自上地壳被动大陆边缘。

稀土元素可用于指示沉积环境,是较可靠而有效的,常用的方法有铈异常与 Ce/La 比值两种。韦刚健等(2001)则提出 δCe <0.95 为负异常,代表氧化环境,δCe>1 为正异常,代表还原环境。Berry 等(1978)发现 Ce 异常程度与海水深度有关,δCe 值越小,水体越深,环境越缺氧,δCe 值越大,水体就越浅,相对来说越富氧。Murry 等(1990)发现当美国西海岸加利福尼亚页岩中 δCe 范围为 0.30、0.55、0.79~1.54 时,分别对应洋中脊、大洋盆地、大陆边缘。研究区泥岩中 δCe 范围为 0.87~1.62,均值为 1.08,绝大多数泥岩中 Ce 出现正异常或未见异常,说明该泥岩形成于还原环境中,其沉积水深度较浅,并推测其形成于陆缘海背景环境中。当泥岩层位相同时,南部临兴井区样品中的 δCe 普遍小于北部神木井区的,说明南部水深,海水自南向北变浅。

Ce 异常还可以用 Ce_{anom} 来表示,$Ce_{anom} = lg[3Ce_N/(2La_N + Nd_N)]$,可以用来判别古水体氧化还原环境(Elderfield et al., 1982)。当 Ce_{anom}<−0.10 时为 Ce 亏损,指示氧化环境;当 Ce_{anom}>−0.10 为 Ce 富集,指示缺氧条件。研究区泥岩样品 Ce_{anom} 为 −0.06~0.15,平均值为 −0.02,Ce 富集,指示了泥岩样品均形成于缺氧还原环境。

Ce/La 比值也可以用于判断环境的氧化还原条件。Bai 等(1994)通过研究华南泥盆纪缺氧沉积物的稀土元素地球化学特征,得出以下结论:当 Ce/La<1.5 时为富氧环境,1.5~1.8 时为贫氧环境,大于 2.0 时为厌氧环境。研究区本溪组、太原组与山西组泥岩 Ce/La 比值在 1.66~2.82 之间,平均值为 2.08,表明该泥岩沉积时水体整体处于贫氧-厌氧还原环境。

表 3-12 研究区煤系泥岩中稀土元素含量（μg/g）和参数

样品编号	井号	采样深度/m	层位	沉积微相	La	Ce	Pr	Nd	Sm	Eu	Gd	Tb	Dy	Ho	Er	Tm	Yb	Lu	Y
1	SM-12	1 979.2	山$_1$	分流间湾	75.99	165.80	18.18	63.68	11.58	2.29	10.58	1.64	7.79	1.71	4.54	0.76	4.00	0.76	29.56
2	SM-12	1 980.32	山$_1$	分流间湾	78.23	130.21	17.11	62.96	11.87	2.35	12.12	1.76	10.02	2.12	6.02	0.87	4.64	0.85	47.82
3	SM-15	2 051.00	山$_1$	分流间湾	79.49	160.63	17.99	67.94	12.43	2.29	12.85	1.55	8.94	1.67	5.01	0.70	4.21	0.67	40.31
4	SM-17	2 015.00	山$_2^1$	分流间湾	66.12	141.48	15.79	59.14	11.28	2.02	11.27	1.56	8.65	1.74	4.94	0.71	4.46	0.70	36.34
5	SM-12	2 117.3	太$_2$	分流间湾	68.52	144.53	16.28	60.95	11.80	2.55	11.31	1.44	7.36	1.43	3.93	0.55	3.04	0.54	29.81
6	SM-12	2 119.2	太$_2$	分流间湾	55.28	119.73	12.38	48.37	8.29	1.67	8.15	1.10	6.18	1.25	3.34	0.44	2.27	0.37	24.08
7	SM-16	2 028.50	太$_2$	分流间湾	65.14	132.02	14.78	55.33	9.65	1.71	9.92	1.14	6.78	1.30	3.94	0.57	3.40	0.53	34.51
8	SM-17	2 072.00	太$_2$	泥炭沼泽	65.07	123.82	12.68	46.53	8.04	1.65	7.80	0.96	4.79	0.90	2.38	0.31	1.63	0.27	18.38
9	SM-18	1 966.55	太$_2$	泥炭沼泽	56.16	111.35	11.94	46.53	6.99	1.40	6.23	0.73	3.54	0.67	1.83	0.24	1.33	0.23	14.13
10	SM-18	1 967.5	太$_2$	泥炭沼泽	41.92	89.74	8.58	33.65	4.89	0.97	4.39	0.49	2.29	0.43	1.13	0.14	0.74	0.12	9.13
11	SM-17	2 096.55	本$_1$	潟湖	14.80	41.80	2.70	8.37	1.06	0.16	1.09	0.11	0.50	0.09	0.27	0.04	0.20	0.03	2.30
12	LX-20	1 638.85	山$_1$	分流间湾	69.00	146.00	17.00	67.10	12.40	2.59	9.62	1.58	7.16	1.35	4.25	0.60	4.33	0.64	42.60
13	LX-20	1 697.50	山$_2$	分流间湾	95.60	174.00	21.80	82.90	13.70	2.53	9.80	1.87	8.93	1.73	4.73	0.75	4.76	0.66	45.70
14	LX-20	1 714.26	山$_2$	分流间湾	62.40	117.00	13.80	52.90	9.27	1.61	7.37	1.41	6.88	1.34	3.55	0.62	3.93	0.59	36.90
15	LX-21	1 951.8	山$_2^2$	泥炭沼泽	64.60	128.99	15.54	58.69	12.27	2.26	13.22	1.89	10.80	2.20	6.15	0.88	4.97	0.87	49.64
16	LX-21	1 953	山$_2^2$	泥炭沼泽	15.39	35.65	4.32	16.32	3.55	0.61	3.83	0.62	3.70	0.75	2.08	0.30	1.65	0.28	15.59
17	LX-21	1 993.4	太$_1$	泥坪	36.43	100.54	9.71	40.13	7.26	1.54	7.65	1.11	6.52	1.35	3.80	0.53	2.96	0.51	22.02
18	LX-21	1 995.5	太$_1$	泥坪	49.81	98.46	11.73	46.31	7.50	1.46	6.73	0.91	5.03	1.02	2.94	0.43	2.40	0.42	19.81
19	LX-22	1 950.5	太$_2$	泥炭沼泽	74.34	153.69	16.15	58.71	10.12	1.95	9.34	1.05	4.79	0.88	2.36	0.31	1.71	0.30	18.02
20	LX-26	1 975.3	太$_2$	泥炭沼泽	26.70	48.01	5.68	19.54	2.86	0.27	2.50	0.27	1.21	0.22	0.60	0.09	0.48	0.09	5.42
21	LX-21	2 073.3	本$_1$	潟湖	57.28	111.06	12.89	46.90	8.51	1.70	8.03	1.09	5.99	1.22	3.44	0.50	2.85	0.51	25.73
22	LX-23	1 954.57	本$_1$	泥坪	66.49	135.74	14.21	51.82	9.17	1.93	9.45	1.19	6.27	1.22	3.43	0.48	2.81	0.46	25.47
23	LX-23	1 954.79	本$_1$	泥坪	62.10	128.76	12.68	46.07	7.71	1.54	7.96	0.96	4.79	0.93	2.62	0.39	2.12	0.35	20.18
24	LX-101	1 734	本$_1$	泥坪	105.02	228.47	24.40	90.11	14.68	1.17	12.42	1.31	5.77	1.08	3.02	0.41	2.31	0.37	25.10
25	LX-20	1 825.10	本$_2$	泥坪	35.50	69.50	8.27	31.80	5.57	1.19	8.33	1.15	5.96	0.82	2.45	0.40	2.60	0.37	22.90
平均值					59.49	121.48	13.46	50.51	8.90	1.66	8.33	1.15	5.96	1.18	3.31	0.48	2.79	0.46	26.46
球粒陨石					0.367	0.957	0.137	0.711	0.231	0.087	0.306	0.058	0.381	0.085	0.249	0.036	0.248	0.038	

表 3-12（续）

样品编号	井号	采样深度/m	层位	沉积微相	ΣREE	LREE	HREE	LREE/HREE	La_N/Yb_N	δEu	δCe	Ce/La	Ce_{anom}
1	SM-12	1 979.2	山$_1$	分流间湾	369.30	337.53	31.77	10.62	13.63	0.63	1.09	2.18	0.01
2	SM-12	1 980.32	山$_1$	分流间湾	341.14	302.74	38.40	7.88	12.09	0.60	0.87	1.66	-0.10
3	SM-15	2 051.00	山$_1$	分流间湾	376.37	340.78	35.59	9.58	13.54	0.56	1.04	2.02	-0.02
4	SM-17	2 015.00	山$_2^1$	分流间湾	329.87	295.84	34.04	8.69	10.63	0.55	1.07	2.14	0.00
5	SM-12	2 117.3	山$_2$	分流间湾	334.24	304.64	29.60	10.29	16.17	0.68	1.06	2.11	-0.01
6	SM-12	2 119.2	山$_2$	分流间湾	268.82	245.71	23.10	10.64	17.47	0.62	1.12	2.17	0.01
7	SM-16	2 028.50	山$_2$	分流间湾	306.21	278.63	27.58	10.10	13.74	0.53	1.04	2.03	-0.02
8	SM-17	2 072.00	山$_2$	泥炭沼泽	276.83	257.79	19.03	13.55	28.63	0.64	1.06	1.90	-0.03
9	SM-18	1 966.55	山$_2$	泥炭沼泽	249.17	234.37	14.80	15.83	30.24	0.65	1.05	1.98	-0.03
10	SM-18	1 967.5	山$_2$	泥炭沼泽	189.48	179.75	9.73	18.47	40.82	0.64	1.16	2.14	0.01
11	SM-17	2 096.55	本$_1$	潟湖	71.21	68.89	2.32	29.71	53.08	0.45	1.62	2.82	0.15
12	LX-20	1 638.85	山$_1$	分流间湾	343.63	314.09	29.54	10.63	11.43	0.72	1.05	2.12	-0.01
13	LX-20	1 697.50	山$_2$	分流间湾	423.76	390.53	33.23	11.75	14.41	0.67	0.93	1.82	-0.07
14	LX-20	1 714.26	山$_2$	分流间湾	282.67	256.98	25.69	10.00	11.39	0.60	0.98	1.88	-0.05
15	LX-21	1 951.8	山$_2^2$	泥炭沼泽	323.35	282.36	40.99	6.89	9.33	0.54	1.00	2.00	-0.03
16	LX-21	1 953	山$_2^2$	泥炭沼泽	89.04	75.84	13.20	5.74	6.70	0.50	1.07	2.32	0.02
17	LX-21	1 993.4	本$_1$	泥坪	220.04	195.61	24.43	8.01	8.83	0.63	1.31	2.76	0.09
18	LX-21	1 995.5	本$_1$	泥坪	235.16	215.27	19.89	10.83	14.87	0.63	1.00	1.98	-0.04
19	LX-22	1 950.5	山$_2$	泥炭沼泽	335.69	314.96	20.73	15.19	31.15	0.61	1.09	2.07	-0.01
20	LX-26	1 975.3	山$_2$	泥炭沼泽	108.51	103.06	5.45	18.92	39.89	0.31	0.96	1.80	-0.06
21	LX-21	2 073.3	本$_1$	潟湖	261.97	238.34	23.63	10.09	14.41	0.63	1.00	1.94	-0.04
22	LX-23	1 954.57	本$_1$	泥坪	304.65	279.35	25.30	11.04	16.97	0.63	1.08	2.04	-0.01
23	LX-23	1 954.79	本$_1$	泥坪	278.98	258.86	20.12	12.86	21.01	0.60	1.12	2.07	0
24	LX-101	1 734	本$_1$	泥坪	490.54	463.85	26.69	17.38	32.61	0.27	1.11	2.18	0.01
25	LX-20	1 825.10	本$_2$	泥坪	168.38	151.83	16.55	9.18	9.79	0.71	0.99	1.96	-0.04
平均值					279.16	255.50	23.66	12.16	19.71	0.58	1.07	2.08	-0.01

注：球粒陨石数据引自 Taylor et al.,1985。

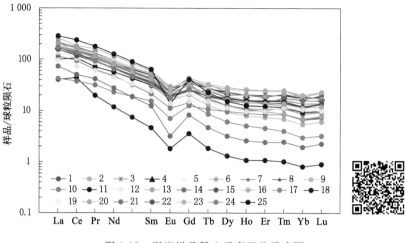

图 3-15　泥岩样品稀土元素配分模式图

3.5　小　　结

①　X 衍射结果显示煤系致密砂岩富含石英,贫长石;富含黏土矿物,且黏土矿物以伊利石为主,次为高岭石,基本不含绿泥石。黄铁矿、方解石、菱铁矿、铁白云石可在部分砂岩中富集。除均富含主要矿物石英外,本溪组砂岩黄铁矿及高岭石含量较高,太原组富含铁白云石和伊利石,山西组富含长石和伊利石。矿物组成不同,反映三组砂岩不同的沉积及成岩环境。

②　薄片鉴定结果显示砂岩样品富含石英和岩屑、贫长石,以岩屑砂岩为主,次为岩屑石英砂岩,少量为长石岩屑砂岩和石英砂岩。塑性岩屑、泥质杂基普遍含量较高,故砂岩整体成分成熟度为较低-中等。砂岩以中粗粒结构为主,主要接触方式为点-线状接触,主要胶结类型是孔隙式,分选性为好-中等,磨圆度以次棱角-次圆状为主,砂岩结构成熟度为较低-中等。

③　孔隙类型主要为残余原生粒间孔、粒内溶孔、粒间溶孔、铸模孔以及高岭石、伊利石等黏土矿物晶间孔,裂隙在大多数致密砂岩中不发育。喉道类型主要为片状、弯片状、管束状。塑性岩屑、黏土矿物或者自生碳酸盐胶结物堵塞孔喉是砂岩孔隙度和渗透率极低的最常见原因。砂岩致密的原因以压实作用为主,次为胶结作用。溶蚀作用虽然改善了少量砂岩的物性,但在致密砂岩中不发育。

④　压汞参数显示致密砂岩均为特低孔、低渗-特低渗型砂岩。除个别发育裂隙的砂岩,砂岩中孔隙度与渗透率有较好的相关性。砂岩中微孔微喉发育是本区储层特低渗-超低渗的一个重要因素。根据压汞参数将储层分为六类。

⑤　煤系本溪组和山西组烃源岩干酪根均为Ⅲ型,有机质最高热解峰温为 440～480 ℃,镜质体的最大反射率为 0.94%～1.83%,说明煤系烃源岩处于成熟阶段中-后期,为气藏提供了足够的气源。而致密砂岩中石英加大边以Ⅱ级为主,富含铁白云石,黏土矿物以伊利石为主,蒙皂石全部消失。这说明砂岩样品处于中成岩阶段 A-B 期。

⑥　研究区本溪组、太原组和山西组泥岩的微量元素指标反映研究区整体以贫氧的弱氧

化-弱还原的过渡环境为主,兼有富氧的氧化环境,沉积时底层水体以水体分层不强的厌氧环境为主;沉积时水体古盐度主要为陆相微咸水或淡水-过渡相半咸水为主,少量为海相环境,山西组沉积时古水体盐度下降;沉积时气候为偏温湿的热带和亚热带气候。泥岩样品的稀土元素特征反映其构造背景为被动大陆边缘,沉积水深度较浅,推测其形成于陆缘海背景环境中。

4 致密砂岩润湿性及其一般性影响因素

测试砂岩润湿性的方法较多,最常用的是自吸法(即 Amott 法),本书采用自吸法和接触角法,还采用了一种专测气藏砂岩润湿性的新方法——吸水挥发速度比法。下面将以自吸法为基础,对比各种方法之间的利弊。设计一系列润湿性试验,改变测试条件,分析致密砂岩润湿性的各影响因素,以期指导开发和生产方案的制定。

4.1 润湿性测定方法

4.1.1 自吸法

依据我国石油天然气行业标准《油藏岩石润湿性测定方法》(SY/T 5153—2017),采用自吸法对样品进行润湿性测定。新鲜岩心被低速钻床(小于 400 r/min)加工成直径为 2.50 cm、长度为 5.00 cm 的柱子(图 4-1)。在毛管压力作用下,润湿流体具有被自发吸入岩石孔隙中并排驱其中非润湿流体的特性。通过砂岩在束缚水状态(或残余油状态)下的毛细管自吸水(或自吸油)量和水驱排油(或油驱排水)量,可以判别砂岩对水(油)的润湿性。试验过程分为自吸水排油(AB)、离心机水驱排油量(BC)、自吸油排水(CD)、离心机油驱排水(DA)四步(图 4-2)。

(a)   (b)

图 4-1 钻床及加工好的岩心柱子

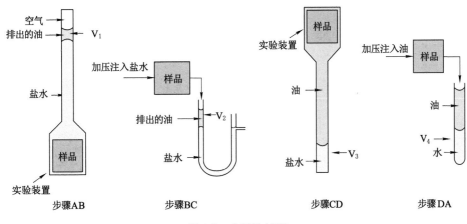

图 4-2　自吸法过程

润湿性指数计算公式如下：

$$I = W_w - W_o = \frac{V_{o_1}}{V_{o_1} + V_{o_2}} - \frac{V_{w_1}}{V_{w_1} + V_{w_2}} \qquad (4\text{-}1)$$

式中　I——润湿性指数；

　　　W_w——水润湿指数；

　　　W_o——油润湿指数；

　　　V_{o_1}——自吸水排油量，mL；

　　　V_{o_2}——水驱排油量，mL；

　　　V_{w_1}——自吸油排水量，mL；

　　　V_{w_2}——油驱排水量，mL。

　　所采岩样为新鲜岩样，故不需要事先老化以恢复初始润湿状态，可以直接进行测试。试验用油为中性煤油。试验用水为按地层水分析资料配制模拟的等矿化度地层水，为 30 000 mg/L 的 $CaCl_2$ 盐水。试验温度为 30 ℃。根据《油藏岩石润湿性测定方法》（SY/T 5153—2017），自吸法润湿性判别原则见表 4-1。

表 4-1　自吸法润湿性判别原则

润湿性	强亲油	亲油	中间润湿			亲水	强亲水
			弱亲油	中性	弱亲水		
I	$-1.0 \leqslant I$ < -0.70	$-0.70 \leqslant I$ < -0.30	$-0.30 \leqslant I$ < -0.10	$-0.10 \leqslant I$ $\leqslant 0.10$	$0.10 < I$ $\leqslant 0.30$	$0.30 < I$ $\leqslant 0.70$	$0.70 < I$ $\leqslant 1.0$

　　按照上述条件用自吸法对 29 个致密气藏砂岩样品进行润湿性测定，结果如表 4-2 所示。

表 4-2 自吸法润湿性测试结果

样品编号	自吸水排油量 V_{O_1}/mL	水驱排油量 V_{O_2}/mL	水润湿指数 W_w	自吸油排水量 V_{w_1}/mL	油驱排水量 V_{w_2}/mL	油润湿指数 W_o	润湿性指数 $I = W_w - W_o$	润湿性
1	0.17	0.02	0.90	0.01	0.03	0.27	0.63	亲水
2	0.18	0.05	0.77	0.04	0.04	0.50	0.27	弱亲水
3	0.14	0.02	0.88	0.01	0.03	0.19	0.69	亲水
4	0.30	0.02	0.92	0.01	0.05	0.20	0.72	强亲水
5	0.09	0.01	0.86	0.002	0.01	0.14	0.72	强亲水
6	0.10	0.02	0.83	0.01	0.04	0.23	0.60	亲水
7	0.18	0.02	0.90	0.01	0.03	0.18	0.72	强亲水
8	0.22	0.09	0.70	0.02	0.03	0.45	0.25	弱亲水
9	0.37	0.02	0.94	0.03	0.06	0.31	0.63	亲水
10	0.17	0.04	0.83	0.01	0.11	0.08	0.75	强亲水
11	0.24	0.08	0.75	0.04	0.05	0.45	0.30	弱亲水
12	0.03	0.004	0.88	0.002	0.009	0.19	0.69	亲水
13	0.25	0.03	0.89	0.01	0.03	0.20	0.69	亲水
14	0.09	0.05	0.64	0.03	0.04	0.40	0.24	弱亲水
15	0.08	0.04	0.67	0.01	0.02	0.38	0.29	弱亲水
16	0.18	0.02	0.89	0.01	0.03	0.14	0.75	强亲水
17	0.05	0.02	0.71	0.02	0.02	0.43	0.28	弱亲水
18	0.30	0.11	0.73	0.08	0.11	0.42	0.31	亲水
19	0.07	0.005	0.94	0.01	0.04	0.23	0.71	强亲水
20	0.37	0.07	0.83	0.01	0.08	0.11	0.72	强亲水
21	0.23	0.09	0.73	0.07	0.09	0.45	0.28	弱亲水
22	0.17	0.03	0.86	0.01	0.04	0.14	0.72	强亲水
23	0.09	0.05	0.67	0.03	0.04	0.40	0.27	弱亲水
24	0.38	0.04	0.91	0.01	0.04	0.12	0.79	强亲水
25	0.22	0.04	0.83	0.004	0.04	0.10	0.73	强亲水
26	0.38	0.05	0.88	0.01	0.06	0.17	0.71	强亲水
27	0.07	0.03	0.67	0.001	0.001	0.40	0.27	弱亲水
28	0.11	0.04	0.71	0.002	0.002	0.50	0.21	弱亲水
29	0.04	0.01	0.75	0.001	0.001	0.50	0.25	弱亲水

对比表 4-1 和表 4-2 可以看出,研究区致密砂岩样品的相对润湿性指数为 0.21～0.79,均为水湿砂岩,亲水性从强亲水、亲水到弱亲水均有分布,没有亲油性砂岩。强亲水、亲水、弱亲水砂岩样品平均润湿性指数分别为 0.73、0.61 和 0.27。

4.1.2 接触角法

依据我国石油天然气行业标准《油藏岩石润湿性测定方法》(SY/T 5153—2017),本书采用接触角法测定砂岩样品(而不是石英矿片)润湿性(表 4-3),具体使用 FTA-200 动态接触角测定仪(图 4-3)(由美国 FTA 公司生产)测定溶液与固体表面的接触角。测试步骤如下:将样品切割成厚约 1 cm 薄片,依次用 320、600、1000、1500、2000 号砂纸打磨;使用甲醇与三氯甲烷质量比为 0.8∶0.2 的溶液对样品进行清洗,然后使用蒸馏水对样品进行冲洗,再使用稀盐酸(浓度低于 5%)快速冲洗,最后使用清水清洗;将样品薄片置于载物台上,调整仪器光学镜头,用专用微量注射器在薄片上滴入成分为蒸馏水的水滴,拍摄水滴外形,使用系统软件测量水滴与固体表面的接触角。

表 4-3 接触角法润湿性判别原则

润湿性	亲水	中间润湿	亲油
接触角 θ_c	$0°{\leqslant}\theta_c{<}75°$	$75°{\leqslant}\theta_c{\leqslant}105°$	$105°{<}\theta_c{\leqslant}180°$

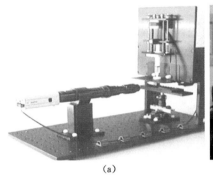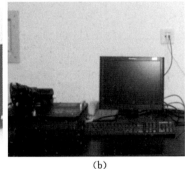

(a) (b) (c)

图 4-3 FTA-200 动态接触角测定仪

根据上述试验步骤进行 29 个致密砂岩的接触角测定(图 4-4)。将水滴滴到砂岩表面后,接触角随时间的增加而变小。开始时接触角变小的速度很快,后期变慢,最终稳定。液固接触后,气水岩三相边界需要移动一段时间来克服砂岩表面的摩擦力,进而达到三相边界平衡,因此出现了接触角随时间变化的现象(李继山等,2015)。

接触角越小,接触角随时间变小得越快。砂岩表面越粗糙,砂岩粒度越大,孔隙度越高,非均性越强,接触角越小且变小的速度越快。例如,浅灰白色粗砂岩,接触角较小,为 10°～20°,常常可快速变小至 0,即水滴完全平铺于砂岩表面。而细粒暗色砂岩特别是当有机质含量高时,接触角较大,常可以大于 40°,接触角变小速度较慢,并且接触角较大的水滴的形态可以最终保持一段时间。

29 个砂岩样品接触角测试结果如表 4-4 所示。接触角均小于 90°,均为亲水砂岩,其中部分样品接触角介于 75°～90°之间,表现出中性润湿、中弱亲水的特征。对比表 4-2 和表 4-4,可知自吸法与接触角有较好的负相关性,见图 4-5,接触角越小润湿性指数越大。个别样品接触角偏大,这可能是因为该砂岩层理较薄,而接触角测量点所在层面为有机质集中的层面。该测量点面上接触角偏高,但是其接触角仍小于 90°,仍为水湿砂岩。

（a）20号样品   （b）23号样品

图 4-4 砂岩接触角照片

表 4-4 接触角测试结果

样品编号	接触角/(°)	样品编号	接触角/(°)	样品编号	接触角/(°)	样品编号	接触角/(°)	样品编号	接触角/(°)
1	22.61	7	19.25	13	27.52	19	22.74	25	23.40
2	38.88	8	29.33	14	33.59	20	17.50	26	21.68
3	28.60	9	27.81	15	43.86	21	29.90	27	30.51
4	27.28	10	28.05	16	23.87	22	26.06	28	34.65
5	28.53	11	41.03	17	37.26	23	83.77	29	49.45
6	33.69	12	27.99	18	42.68	24	17.20		

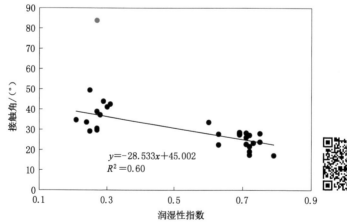

图 4-5 接触角与润湿性指数的关系

4.1.3　吸水挥发速度比法

（1）常规方法适用性分析

对砂岩润湿性的测试主要在实验室和井筒中开展。砂岩润湿性的测定方法有多种，常用方法有接触角法、自吸法（或 Amott 法）、USBM 法（或离心机法）和核磁共振（NMR）张弛法等，这几个最常用的方法不完全适用于测定致密气藏砂岩的润湿性。

砂岩非均质性强，测试所用表面并不像矿物那样是光滑平面，而是多种矿物加孔隙的组合，实际测试中发现接触角法对砂岩来说可重复性差，不确定性高，同一表面测试结果有时相差较大，可超过 30%，所以该方法一般不适用于砂岩的润湿性测定（许雅等，2009）。我们在每个表面至少测试五个点，如果结果相差较大则增大测试点数，最后删除偏差最大的测试结果，将剩下的结果的平均值作为该砂岩的接触角。

自吸法过程复杂，周期长，测试范围从强水湿到强油湿，数值定义及边界清楚，但对中性润湿条件不敏感（Amott，1959；Han et al.，2005）。我们在实践中发现，若致密砂岩的孔隙度、渗透率过低，则自吸法测试过程过于缓慢，测试周期可达一周以上，且测定过程中部分结果常常过小，例如自吸油排水量可小至 0.001~0.01 mL（见表 4-2），现有设备条件下难以进行油水分离与计量，吸水（油）仪的测量精度（0.01 mL）不够，进而影响测试结果的精确性。USBM 法过程没有自吸法过程复杂，周期短，测试范围从强水湿到强油湿，数值定义及边界清楚，对中性润湿敏感，但是需使用专为岩心设计的超高速离心机，且高速离心过程中可能改变岩心原始微观孔隙结构特征（Donaldson et al.，1981；Sun et al.，2012），使测试结果失真。

整体来说，以上方法或操作程序复杂，测试成本较高且周期长，或准确性不高。为节省成本、提高效率和精度，本书采用一种可用于现场及实验室、简单易行且快速的新方法——吸水挥发速度比法来定量测定砂岩润湿性。该方法由长庆油田提出，理论部分由笔者完善，仅适用于气藏砂岩，不适用于油藏砂岩。

（2）吸水挥发速度比法测试原理与样品处理

本测定方法适用于胶结成型的已知孔隙度与渗透率的气藏砂岩样品，但不适用于遇水膨胀或松散的岩石。

毛细管力与界面张力、接触角之间的半经验公式为（孔祥言，1999）：

$$p_c = 2\sigma \cdot \cos\theta / r \tag{4-2}$$

式中　p_c——毛细管力；

　　　　σ——界面张力；

　　　　θ——接触角；

　　　　r——毛细管半径。

当岩石亲水时，在吸水试验中，接触角小于 90°。在这种情况下，从式（4-2）中可看出毛细管力与接触角的余弦成正比，接触角越小，岩石表现为越亲水，毛细管力越大。而毛细管力是岩石自发吸水的动力，毛细管力越大，岩石吸水排油气能力越强，吸水速度越块。所以在亲水岩石中，接触角越小，岩石吸水速度越快。这些结论与前人试验结果一致（朱维耀等，2002；王家禄等，2009）。

在水湿岩石的挥发试验中，毛细管力却是水分挥发的阻力。如前所述，亲水性强的岩石具有较大的毛细管力,因此对于亲水砂岩而言,其亲水性越强,水分挥发阻力越大,挥发速度越慢。此外,挥发速率与润湿性之间的关系还可以用开尔文方程(Moore,1962)来解释:

$$RT\ln\frac{p_r}{p_0} = \frac{2\gamma V_m}{r_m} \qquad (4\text{-}3)$$

式中　　R——通用气体常数;

　　　　T——绝对温度;

　　　　p_r——实际蒸汽压力;

　　　　p_0——饱和蒸汽压力;

　　　　γ——表面张力;

　　　　V_m——液体摩尔体积;

　　　　r_m——液体/气体界面曲率半径。

在挥发试验中,水从砂岩孔隙中挥发出来。砂岩的亲水性越强,则水与砂岩孔隙表面的接触角越小,液体/气体界面曲率半径越小。根据开尔文方程,较小的液体/气体界面曲率半径导致更高的实际蒸气压力,进而使水分挥发速度更慢。

综上所述,吸水速度与挥发速度均与岩石的润湿性有关。随着砂岩亲水性的增强,吸水速度增加而挥发速度减小。据此,本方法利用岩石的吸水速度和挥发速度的比值来分析亲水岩石的润湿性。

试验仪器如图 4-6 所示,梅特勒电子天平(型号:JA5003)的精度为±0.001 g。试验过程中,样品一直浸于去离子水中,可直接读取水中样品质量,得出精确的样品吸水质量变化。避免将样品拿出水面称重导致吸水过程中断、每次擦干程度不同、易破坏样品等,从而引起不必要的误差。

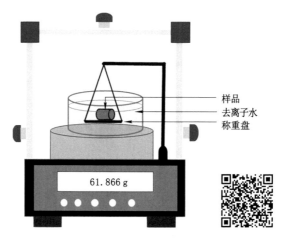

样品
去离子水
称重盘

61.866 g

图 4-6　梅特勒电子天平

沿垂直于砂岩层理面方向,使用钻床低速(小于 400 r/min)钻取直径为 2.5 cm、长度为 5 cm 的圆柱体。将切割、清洗后的岩样在空气中晾干,放置在干燥器中备用。

(3)吸水挥发速度比法测试流程

① 吸水试验

将干燥岩样浸入 30 ℃的去离子水中,称量岩样刚浸入去离子水中的样品质量 W_0,记录不同时间样品在水中的质量 W_x,计算岩样含水饱和度、岩样吸水速度。当含水饱和度达到 100％时,结束岩样吸水试验。

这一步需要注意的是:a. 在试验过程中,建议用蒸馏水或去离子水,这样可避免挥发试验时水中的盐分析出,影响质量变化,从而影响含水饱和度值;b. 在试验过程中,如果样品出现掉块,样品必须烘干重测。

岩石吸水速度是指含有气藏的岩石在其孔隙中毛管力的作用下,单位时间内吸水的多少。岩石吸水速度计算公式为:

$$V_x = (W_t - W_0)/\rho_w \qquad (4\text{-}4)$$
$$v_1 = \mathrm{d}V_x/t_x \qquad (4\text{-}5)$$
$$S_{w1} = V_x/V_p \times 100\% \qquad (4\text{-}6)$$

式中　W_0——岩样的在液体中的初始质量(修约到两位小数),g;

　　　W_x——岩样吸水后的质量(修约到两位小数),g;

　　　V_p——岩样的总孔隙体积(修约到两位小数),mL;

　　　V_x——岩样吸水的体积(修约到两位小数),mL;

　　　t_x——岩样吸水时间(修约到两位小数),min;

　　　v_1——吸水速度(修约到两位小数),mL/min;

　　　S_{w1}——岩样含水饱和度(修约到两位小数),％;

　　　ρ_w——水的密度(修约到两位小数),g/mL。

② 挥发试验

将吸水后的岩样置于空气中,将室温控制为 30 ℃、湿度控制为 35％～40％,在自然状态下开展挥发试验,记录不同时间岩样的质量 W_h。

岩石挥发速度是指气藏岩石在含饱和水后,在一定温度下,克服孔隙毛管力,单位时间内失去水的多少。岩石挥发速度计算公式为:

$$V_h = (W_1 - W_h)/\rho_w \qquad (4\text{-}7)$$
$$v_2 = \mathrm{d}V_h/t_h \qquad (4\text{-}8)$$
$$S_{w2} = (V_p - V_h)/V_p \times 100\% \qquad (4\text{-}9)$$

式中　W_1——含饱和水岩样的质量(修约到两位小数),g;

　　　W_h——岩样挥发后的质量(修约到两位小数),g;

　　　V_p——岩样的孔隙体积(修约到两位小数),mL;

　　　V_h——岩样挥发的体积(修约到两位小数),mL;

　　　t_h——岩样挥发时间(修约到两位小数),min;

　　　v_2——挥发速度(修约到两位小数),mL/min;

　　　S_{w2}—岩样含水饱和度(修约到两位小数),％;

　　　ρ_w——水的密度(修约到两位小数),g/mL。

③ 吸水-挥发曲线

典型砂岩样品吸水-挥发曲线如图 4-7 所示。从中可以看出,在吸水试验中,随着含水饱和度的增加,吸水速度降低;而在水分挥发试验中,随着含水饱和度的降低,水分挥发速度降低。

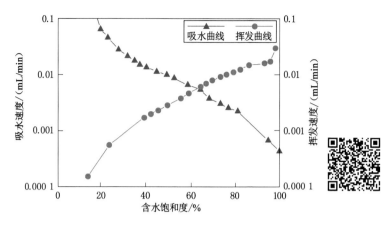

图 4-7　典型砂岩样品(13 号)吸水-挥发曲线

　　吸水与挥发速度随时间(或含水饱和度)的增加而降低,且在初始阶段比最终阶段降低速度大,这有两个原因:a. 在吸水试验中,水首先填充连通性较好、较大的孔隙,然后填充连通性差且小的孔隙,前者体积远远大于后者,水进入前者远比后者容易,所以吸水试验早期吸水速度较大,而后期吸水速度显著降低。同样在挥发试验中,初始阶段大孔中水分首先挥发出来,并且因连通性好而挥发得快,小孔中水分较晚挥发出来,且因连通性差而挥发得慢。b. 因为毛细管力是自吸水的动力,所以毛细管力越高,吸水动力越强,吸水速度越快。同时这种正相关关系又取决于含水饱和度(Ma et al.,1999)。在亲水砂岩中,毛细管力是含水饱和度的函数(孔祥言,1999)。随着含水饱和度的增大,毛管压力减小,这种减小的过程是非线性的,并且往往早期急剧减小(变化率大于 $1/t$),后期缓慢减小。该函数关系无法用代数表达式表达,只能通过试验用毛细管力曲线描述,如图 4-8 所示。因为毛细管力与吸水速度成正比,所以吸水速度与含水饱和度的关系曲线(图 4-7)类似于毛细管力与含水饱和度关系曲线(图 4-8),都是非线性关系,早期吸水速度随含水饱和度的减小而急剧减小,后期缓慢减小。

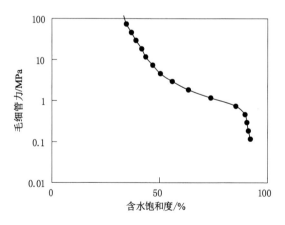

图 4-8　毛细管力与含水饱和度关系曲线

　　(4) 吸水挥发速度比法润湿性判别与比较

　　根据以往鄂尔多斯等气藏各种砂岩样品成果,加上以上资料,采用以下标准确定砂岩的润湿性:在砂岩含水饱和度为 50% 的条件下,当 $v_1/v_2 < 1$ 时,砂岩被确定为弱亲水;当 $1 \leqslant v_1/v_2 < 5$ 时,砂岩被确定为中等亲水;当 $v_1/v_2 \geqslant 5$ 时,砂岩被确定为强亲水(表 4-5)。

表 4-5 吸水挥发速度比润湿性判别表

润湿性	弱亲水	中等亲水	强亲水
吸水挥发速度比 v_1/v_2	$v_1/v_2 < 1$	$1 \leqslant v_1/v_2 < 5$	$v_1/v_2 \geqslant 5$

选择这些标准的原因如下:当 $v_1/v_2 < 1$ 时,意味着水分挥发速率高于吸水速度,较低的吸水速度代表较低的毛细管力,意味着砂岩与水之间存在较大的接触角。因此,该砂岩被认为是弱亲水砂岩;当 $1 \leqslant v_1/v_2 < 5$ 时,意味着吸水速度随毛细管力的增大而增大,接触角随亲水性的增大而减小;当 $v_1/v_2 \geqslant 5$ 时,通常代表着较高的吸水速度和很大的毛细管力,接触角很小,在这种情况下,砂岩通常对水具有很高的亲和力,因此砂岩被认为是强亲水的。

按照上节所述的操作程序,对 29 个砂岩样品进行了测试,在 50% 含水饱和度条件下,计算了吸水速度和挥发速率,结果如表 4-6 所示。

表 4-6 吸水挥发速度比法测试结果(在 50% 含水饱和度条件下)

编号	吸水速度 $v_1/(\times 10^{-3}$ mL/min)	挥发速度 $v_2/(\times 10^{-3}$ mL/min)	所需吸水时间/min	v_1/v_2	润湿性	编号	吸水速度 $v_1/\times 10^{-3}$ mL/min	挥发速度 $v_2/\times 10^{-3}$ mL/min	所需吸水时间/min	v_1/v_2	润湿性
1	12.9	7.5	49	1.71	中等亲水	16	20.9	2.4	25	8.71	强亲水
2	0.9	2.1	710	0.43	弱亲水	17	0.3	0.6	700	0.47	弱亲水
3	2.4	1.8	250	1.34	中等亲水	18	8.0	6.6	90	1.21	中等亲水
4	57.3	6.2	20	9.18	强亲水	19	1.5	0.2	260	7.54	强亲水
5	26.2	1.8	19	14.87	强亲水	20	34.1	3.8	30	8.88	强亲水
6	1.7	0.5	240	3.37	中等亲水	21	0.2	15.0	2 200	0.01	弱亲水
7	42.5	2.9	12	14.70	强亲水	22	11.6	1.4	40	8.56	强亲水
8	2.0	9.9	400	0.20	弱亲水	23	0.4	8.0	860	0.05	弱亲水
9	27.0	7.8	44	3.46	中等亲水	24	186.4	2.3	4	79.70	强亲水
10	24.1	2.0	23	12.22	强亲水	25	6.6	1.2	86	5.50	强亲水
11	0.3	30.0	2 000	0.01	弱亲水	26	17.3	1.3	60	13.00	强亲水
12	0.2	0.1	650	2.18	中等亲水	27	0.4	1.4	860	0.28	弱亲水
13	9.5	2.9	53	3.30	中等亲水	28	1.1	5.3	600	0.21	弱亲水
14	0.2	5.2	1 700	0.03	弱亲水	29	0.04	2.8	4140	0.01	弱亲水
15	2.3	3.4	300	0.69	弱亲水						

从表 4-6 中可以看出,强亲水砂岩吸水速度与挥发速度均较快,且吸水速度远远大于挥发速度(样品 4、5、7、10、16、19、20、22、24、25、26)。吸水与挥发速度比均大于 5.00,范围为 5.50~79.70,以 5.00~15.00 为主。当吸水试验中含水饱和度到达 50% 时,其吸水时间一般为 4~80 min,集中在 10~40 min 内。个别样品吸水时间较长,可达 260 min。应注意的

是,与其他样品相比,样品 24 的吸水挥发速度比值非常高(79.70),原因是作为石英砂岩,它的石英含量最高(87.1％),黏土矿物含量极低,孔隙度和渗透率高,孔隙很发育,吸水通道非常顺畅,能快速吸收大量水分,从而具有非常高的吸水速度。

中等亲水砂岩的吸水速度与挥发速度均中等,且相差不大(样品 1、3、6、9、12、13、18)。吸水挥发速度比范围为 1.21～3.46。吸水试验中在含水饱和度达 50％时,所需砂岩吸水时间一般为 40～250 min,集中在 40～100 min 内。个别样品吸水时间较长,可达 400～650 min。

弱亲水砂岩的吸水速度与挥发速度均较慢,其相差速度可大可小(样品 2、8、11、14、15、17、21、23、27、28、29)。吸水挥发速度比范围为 0.01～0.69。吸水试验中在含水饱和度达 50％时,所需砂岩吸水时间一般为 300～1 700 min,集中在 300～1 000 min 内。部分样品达含水饱和度 50％时的吸水时间特长,可达 1 500～4 000 min,一般他们的挥发速度更慢,挥发时间更长,吸水与挥发速度比特别低,为 0.01～0.03,这意味着这些砂岩样品是非常致密的砂岩。

砂岩吸水与挥发的规律为:砂岩的亲水性越强,吸水时间与挥发时间越短,含水饱和度达 50％时吸水挥发速度比越大。砂岩的亲水性越弱,吸水时间越长,挥发时间更长,含水饱和度 50％时吸水挥发速度比越小。含水饱和度达 50％时的吸水时长与吸水挥发速度比之间有较好的相关性,见图 4-9(a)。

对比表 4-2 与表 4-6 的吸水挥发速度比法与自吸法的润湿性结果,发现两种方法润湿性结论完全一致。而自吸法是公认的国际上普遍采用的测试砂岩润湿性的方法,由此可证明吸水挥发速度比法是测试砂岩润湿性的可靠方法。

两种方法各种参数间相关性较好,吸水挥发速度比值与自吸法相对润湿性指数、水润湿性指数、油润湿性指数之间有较吻合的对数关系[图 4-9(b)(c)(d)]。整体来说,砂岩亲水性越强,水润湿性指数越大,油润湿性指数越小,相对润湿性指数越大,吸水挥发速度比值就越大。

比起自吸法,吸水挥发速度比法的优点在于:吸水挥发速度比值可以明显区分相对润湿性指数相近的砂岩哪一种亲水性更强,例如,表 4-2 中 4 号、7 号、20 号、26 号四个样品的相对润湿性指数均为 0.72,从自吸法结果来看他们的亲水程度应一致,但是它们的吸水挥发速度比明显不同,分别为 8.88、9.18、13.00、14.70,依次变大,说明它们的亲水程度事实上是依次增大的。比起自吸法,吸水挥发速度比法对亲水砂岩润湿性微弱变化更敏感,分辨率更高,能更精确地评价致密砂岩润湿性,更适用于对比不同亲水砂岩的润湿性强弱。

吸水挥发速度比法的优点有:

① 测试过程简单、周期短。试验易操作、设备简单,仅需一个特制天平。一般只需数小时至两三天即可结束试验。试验所需成本及试验周期远远小于自吸法。

② 与自吸法润湿性结论一致。同时,该方法对润湿性的微弱变化更敏感,并且与砂岩成分、物性参数相关性更好,所以用吸水挥发速度比值来描述砂岩润湿性比用自吸法来描述砂岩相对润湿性指数分辨率更高,更精确。

③ 本研究中部分砂岩渗透率高于 0.1 mD,为常规气藏砂岩,吸水挥发速度比法也适用于这些砂岩,故本方法不仅仅适用于致密气藏砂岩,可推广至常规气藏砂岩。

吸水挥发速度比法的缺点为:本方法仅适用于水湿砂岩,包括弱亲水及亲水和强亲水砂

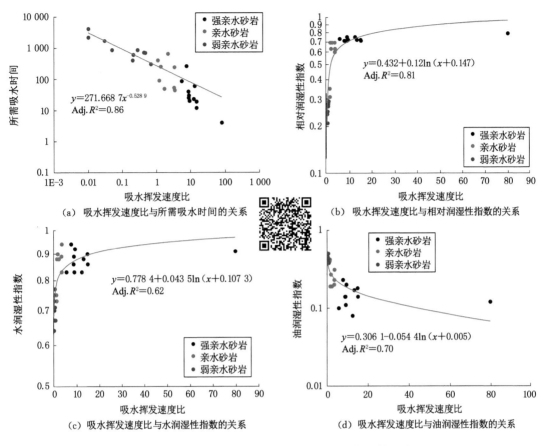

图 4-9　50％含水饱和度时吸水挥发速度比与各指数的关系

岩。经实践发现,气藏砂岩特别是煤系气藏砂岩一般都是水湿砂岩,故吸水挥发速度比法是快速测试煤系气藏砂岩润湿性的较好方法。

4.2　砂岩性质对其润湿性影响

4.2.1　各种因素影响润湿性的机理

　　润湿是液体与固体表面保持接触的能力,其原由是固液接触处产生附着力,这种液体中分子和固体中分子之间的相互作用使液滴扩散到固体表面。润湿性好、接触角低的情况被认为固液间单位面积具有较高的附着力。该附着力可以有两种相互作用方式:① 化学作用。如果两物质表面具有未满足的化学键,则可以在接触处形成离子键、共价键或氢键;② 色散力物理吸附。如果两物质表面具有正电荷或负电荷的区域,则可以在接触处通过范德华力接合在一起。在表面科学中,以第 2 种作用方式为主。

　　液体内部的内聚力(液体分子自身之间的相互作用)使液滴形成球状并避免全部液体分子与表面接触。事实上,在三相系统中,接触角、润湿性是附着力和内聚力的函数,附着力和内聚力之间的的力平衡决定固液间润湿程度。强附着力和弱内聚力导致高度润湿。所以探讨固液间润湿性的影响因素其实是探讨影响固液间附着力和液体内聚力的因素,即探讨影响固液间未满足的化学键、接触处表面电荷和范德华力的因素。

为了进一步了解致密砂岩润湿性,就必须深入分析砂岩润湿性的影响因素。岩石润湿性实质上是岩石与流体相互作用下的综合特性,它由表面力决定,取决于液体和固体表面之间的相互作用。亲水砂岩的表面总被一层水膜占据,在这些介于液固表面之间的薄膜中,有静电力、色散力和结构力三类表面力。静电力来源于水膜中存在过量反离子以满足固体表面电中性。色散力是液体分子与固体表面范德华相互作用的结果。结构力是水与亲水表面之间的短程力,由含有离子或极性物的相互作用表面脱水所需的能量产生,如氢键。在水膜厚小的情况下(6 nm 范围以内),结构力大小远远超过其他两种组分大小,并对薄膜稳定性产生深远影响(Pashley,1981;Israelachvili et al.,1983;Tokunaga,2012;Jung et al.,2012)。

各种因素均通过影响这三种表面力来影响岩石的润湿性。根据作用对象不同,将其分为直接和间接两种因素。

直接因素分为三类:

① 影响岩石表面性质的因素,包括砂岩的成分、结构、表面粗糙度。岩石本身的性质、矿物成分和孔隙结构导致岩石的非均匀性,决定岩石的表面性质和表面能。单位面积上未满足的化学键的能量越高,则岩石表面张力(即表面自由能)越高,这是岩石具有不同润湿性的决定因素。如果岩石表面被一层油膜覆盖,则岩石表面会表现出油膜的润湿性能。

② 影响流体性质的因素,包括流体中离子种类与离子浓度、流体 pH、极性有机物种类与含量(第三个影响因素在本次砂岩中不存在)。流体自身性质决定液体的内聚力,决定其自身的表面张力。若固体的表面能量高于液体的表面张力,则该固体表面可以通过该液体进行润湿。液体的内聚力越弱、表面张力越低,固体的表面张力越高,则固液间亲和性越好,液体在固体表面的润湿性越好。

③ 影响地下地球化学环境的因素,包括地层温度、压力等。这些因素将大大影响流体的表面张力,进而影响固液间的亲和性。

间接因素为沉积微相和成岩作用,甚至是构造背景等地质因素,他们通过影响上述因素而间接影响砂岩润湿性。下面我们将对各直接因素如何影响致密砂岩润湿性进行探讨,将间接因素放在后续章节中讨论。

4.2.2　砂岩性质对润湿性的影响

砂岩表面具有强烈的非均质性,包括成分与结构的非均质性,这种不均匀性导致砂岩表面是不平整不光滑的,具有一定的粗糙度,所以本节将从成分、结构和砂岩表面粗糙度三个角度探讨砂岩表面非均质性对其润湿性的影响。

(1) 矿物成分对砂岩润湿性的影响

岩石中矿物成分的种类、含量及润湿性会直接影响岩石的润湿性。比起碳酸盐岩储层,砂岩中所含矿物种多,所以影响其润湿性的因素更复杂。如表 3-1 所示,研究区砂岩主要矿物成分为石英,其次为黏土矿物(以伊利石、高岭石为主)、碳酸盐矿物(以方解石、菱铁矿、铁白云石为主)及黄铁矿等。长石含量普遍较低且表面风化为黏土矿物,故长石含量对砂岩润湿性影响不大。

矿物润湿性取决于矿物的表面能,矿物的表面能是由矿物本身的结晶化学性质决定的。

矿物破裂时,其表面断裂的的共价键或离子键的极性越强、断裂键数目越多,未饱和的键力就越大,矿物的表面能就越强。遇到水时,矿物表面极性键与水中的 H^+、OH^- 形成化学键,并进一步与水分子形成氢键等短程作用力,这些结构力越强,矿物表面亲水性越强。以石英为例,石英(SiO_2)内部由硅-氧四面体连续组成,其破裂表面上 Si—O 键断裂,产生的断裂化学键如图 4-10 所示。

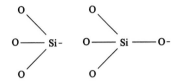

图 4-10　石英表面的断裂化学键

这些残余键极性大,均可与水分子相互作用,产生硅烷醇基(Si—OH),邻位的硅烷醇基团可进一步脱水,形成硅氧烷键(Si—O—Si),烷醇基也可以与水分子形成氢键,各反应方程如图 4-11 所示(Papirer,2000;Arsalan et al.,2013)。亦即,石英表面断裂键与水之间结构力的存在,导致石英亲水性强。

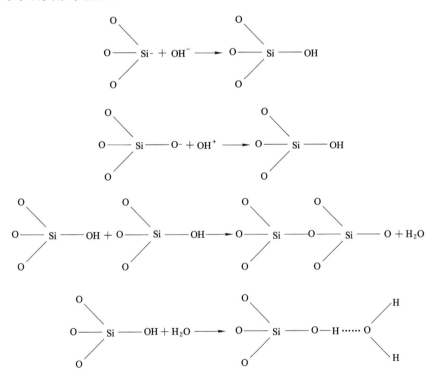

图 4-11　石英表面断裂键与水的反应方程

高岭石($Al_4[Si_4O_{10}](OH)_8$)表面破裂时氢键、Si—O 键、Al—O 键断裂,伊利石($K_{1\sim x}$(H_2O)$_x$\{$Al_2[AlSi_3O_{10}](OH)_{2\sim x}(H_2O)_x$\})表面破裂时出现氢键、钾离子键、Si—O 键、Al—O 键断裂,它们表面残余极性键键能均较强,所以矿物亲水性强(Hu et al.,2000)。

砂岩中常见矿物表面均极性亲水,例如石英、云母、高岭石、伊利石等矿物表面具有强极性化学键,矿物与水的接触角均小于 10°(表 4-7)。其他矿物,如黄铁矿、方解石,它们表面的极性键比前面几种矿物弱,所以具有稍弱的中等亲水行为;黄铁矿与水的接触角为 33°,方解石与水的接触角为 20°(朱一民,1987;王化军,1999)。致密砂岩的所有矿物均为亲水矿物,决定了砂岩具有亲水性。

表 4-7　砂岩中常见矿物接触角与润湿性(王化军,1999)

矿物名称	黄铁矿	方解石	石英	云母
与水的接触角	33°	20°	0°~4°	0°
润湿性	中等亲水	强亲水	强亲水	强亲水

同时,砂岩中矿物的产状不同,导致矿物对砂岩润湿性贡献不同。在砂岩中及表面,石英是大的骨架颗粒,搬运沉积过程整个表层结构面被破坏,断裂面大,分布有大量断裂键,从而具有较大的表面能。黏土矿物结构不同于石英,是层状硅酸盐,往往为微小的层状片状矿物晶体,层面多为完整的结构面,不存在或很少量存在断裂键,侧断面面积很小,故断裂键和缺陷暴露很少,缺乏较高的表面能。碳酸盐矿物为成岩期形成的自生胶结物,黄铁矿多形成于沉积水体,二者未经过破碎过程,多是自形晶体,断裂面少,断裂键少,故表现出较低的表面能。前人研究中证实碳酸盐矿物与黏土矿物含量高的砂岩表面能低于石英含量高的砂岩表面能(Arsalan et al.,2013)。本次工作中发现石英对致密砂岩润湿性起主要影响,其含量越高,砂岩越亲水。

不同润湿性砂岩中各种矿物含量如表 4-8 所示。强亲水砂岩石英含量一般较高,范围 63%~87%,平均 72.4%;亲水岩石石英含量范围为 55%~77%,平均为 69.7%;弱亲水砂岩石英含量 46%~69%,平均 58.5%。强亲水砂岩的黏土含量较低,一般为 5%~25%,平均值 18.2%,亲水砂岩的黏土含量范围居中,一般为 10%~25%,平均值 18.8%,弱亲水砂岩的黏土含量较高,一般为 15%~35%,平均值 24.0%。强亲水砂岩的碳酸盐胶结物一般为 1%~4%,偶见 9%,平均值 3.1%,亲水砂岩的碳酸盐胶结物含量范围 2%~10%,平均值 3.7%,弱亲水砂岩的碳酸盐胶结物含量较高,范围 2%~30%,平均值 9.0%。强亲水砂岩的黄铁矿一般为 0~2%,平均值 0.9%,亲水砂岩的黄铁矿含量 1%~2%,平均值 1.1%,弱亲水砂岩的黄铁矿含量范围 1%~20%,平均值 3.3%。

表 4-8　不同润湿性砂岩中各种矿物含量

矿物	强亲水		亲水		弱亲水	
	范围	平均值	范围	平均值	范围	平均值
石英	63%~87%	72.4%	55%~77%	69.7%	46%~69%	58.5%
黏土矿物	5%~25%	18.2%	10%~25%	18.8%	15%~35%	24.0%
碳酸盐矿物	1%~9%	3.1%	2%~10%	3.7%	2%~30%	9.0%
黄铁矿	0~2%	0.9%	1%~2%	1.1%	1%~20%	3.3%

可分别探讨自吸法的相对润湿性指数和吸水挥发速度比法的吸水挥发速度比值与砂岩中各种矿物含量的关系。如图 4-12 所示,吸水挥发速度比法与矿物含量的相关性更好,从

侧面证明吸水挥发速度比法是更适合气藏砂岩的润湿性测试方法。总体来说,越亲水的砂岩石英含量越高,黏土矿物、碳酸盐矿物和黄铁矿等含量越低。

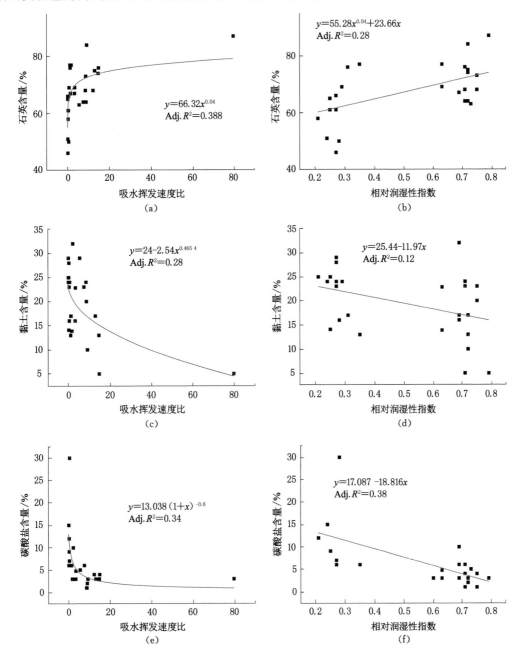

图 4-12　润湿性与矿物含量的关系

砂岩平均相对润湿性指数(由自吸法测定)与平均矿物含量相关性较好,即强亲水、亲水、弱亲水三类砂岩的润湿性指数分别与三类砂岩中石英平均含量、黏土矿物平均含量和碳酸盐矿物平均含量呈现较好的正相关性、负相关性、负相关性(图 4-13)。由此可见,砂岩中矿物成分对砂岩润湿性有直接控制作用。但由于砂岩成分与结构的复杂性,任何一种单一矿物均不是控制砂岩润湿性的绝对因素。同时可以看出吸水挥发速度比法的吸水挥发速度比与三类砂岩中的矿物关系和自吸法较相似。

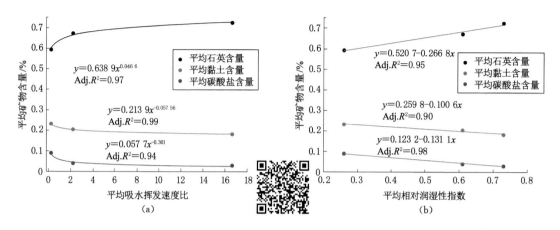

图 4-13　平均润湿性与平均矿物含量的关系

(2) 砂岩结构对润湿性的影响

接上所述,既然石英、黏土矿物、碳酸盐矿物、黄铁矿均是亲水矿物,并且石英与黏土矿物均为强亲水矿物,为何会出现上述石英含量越高,砂岩亲水性越强,而以高岭石、伊利石为主的黏土矿物、碳酸盐矿物、黄铁矿含量越高,砂岩亲水性反而越弱? 这是因为砂岩亲水性不仅受砂岩中的矿物种类和含量的影响,还受矿物在砂岩中的形态与分布的影响,也就是受砂岩结构的影响。

通过薄片观察分析发现:① 综合所有砂岩样品来看,砂岩粒度与石英含量和砂岩孔渗呈正相关关系(图 4-14),孔隙度与渗透率呈正相关性(图 3-10)。② 致密砂岩润湿性指数 v_1/v_2 与孔隙度、渗透率均呈现正相关性(图 4-15、图 4-16),强亲水砂岩的孔隙度为 4.01%～9.50%,平均值为 6.28%,亲水砂岩的孔隙度为 3.50%～9.40%,平均值为 5.51%,弱亲水砂岩的孔隙度为 1.20%～6.50%,平均值为 3.90%。

由此可见从砂岩结构的角度看,润湿性主要受孔隙度和渗透性的影响,而孔隙度和渗透性又主要受包括粒度和成分在内的砂岩结构的影响。

这是因为矿物在砂岩中的分布不同,在岩石结构中起的作用不同,导致矿物对砂岩润湿性的影响不同。石英是砂岩中主要的刚性骨架颗粒,而黏土矿物及碳酸盐、黄铁矿则作为填隙物出现在砂岩中,所以石英含量越高,作为骨架颗粒为砂岩提供的孔隙空间越高,砂岩渗透率越高,为砂岩吸水提供空间,在自吸法测试中表现为水湿指数高,在吸水挥发速度比法中表现出吸水速度快且吸水量大的特征,故砂岩呈现出亲水至强亲水特征。而黏土矿物、碳酸盐矿物、黄铁矿越高,它们作为填隙物只会堵塞孔隙空间,导致砂岩渗透率大幅度下降,堵塞水进入砂岩的通道,导致砂岩吸水能力大幅度下降,在自吸法测试中砂岩表现为水湿指数低,在吸水挥发速度比法中砂岩表现出吸水速度慢且吸水量少的特征,砂岩呈现弱亲水特征。

粒度粗的砂岩往往为石英砂岩及岩屑石英砂岩,石英含量高,塑性岩屑、泥质杂基、黏土矿物胶结物含量低,碎屑颗粒分选性较好,呈次圆状,为孔隙式胶结,为颗粒支撑,结构成熟

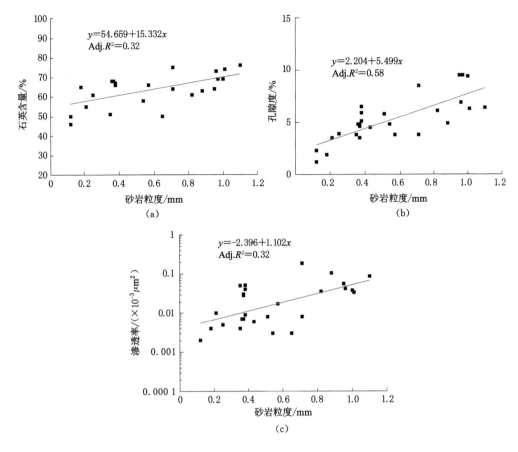

图 4-14 砂岩粒度与砂岩各参数间关系

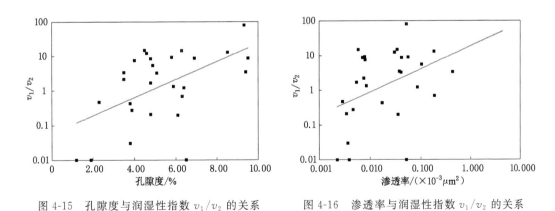

图 4-15 孔隙度与润湿性指数 v_1/v_2 的关系   图 4-16 渗透率与润湿性指数 v_1/v_2 的关系

度与成分成熟度高,原生孔喉发育与保存均较好,孔隙度、渗透率高。在毛细管力的作用下,水沿着连通性好的孔喉在亲水矿物表面源源不断地被吸入砂岩,砂岩能快速自发吸收大量的水,水湿指数高,砂岩表现为强亲水至亲水。

如果成岩过程中,这种中粗砂岩被铁白云石、菱铁矿等碳酸盐矿物强烈胶结交代,原生孔喉被过度分割与堵塞,孔隙度、渗透率大幅度降低,孔喉连通性差,导致砂岩没有容纳水的空间,水进入砂岩的通道被阻断,砂岩自吸水速度慢且量少,自吸水能力大幅度下降,水湿指数低,表现为弱亲水。

细粒砂岩以岩屑砂岩为主,塑性岩屑、泥质杂基及黏土矿物胶结物含量高,可达 20%～40%,碎屑颗粒分选性较差,呈次棱角状磨圆,呈游离-点状接触,基底式或孔隙-基底式胶结,结构成熟度与成分成熟度低。在这种砂岩中,压实作用使变形的塑性岩屑及泥质杂基堵塞大部分孔隙,黏土矿物胶结物附着在砂粒表面,并在剩余孔隙空间跨接,两种作用大大阻塞了孔隙和喉道,导致砂岩孔隙度、渗透率极低,孔喉连通性差。如果此时再叠加碳酸盐胶结交代作用,更加降低砂岩的孔渗和孔喉连通性,砂岩更加致密。水进入砂岩的通道也被阻断,砂岩自吸水速度慢且量少,自吸水能力大幅度下降,水湿指数低,砂岩表现为弱亲水。

由此可见,矿物在砂岩中的形态、分布影响砂岩的孔隙结构,而砂岩孔隙的大小与连通性影响砂岩吸水速率及吸水量,最终影响砂岩的润湿性。综上可得出结论:结构成熟度与成分成熟度越高的煤系气藏储层致密砂岩的亲水性越强。

值得注意的是,在油藏砂岩中,黏土含量及其在孔隙中的分布形态对砂岩润湿性的影响与气藏砂岩中不同(李绍玉等,1987):黏土矿物低的砂岩偏向于亲油,黏土矿物高的岩石偏向于亲水。油藏砂岩初始无石油时也是亲水的。石油进入砂岩时受毛细管力所阻,若砂岩黏土少,则孔渗高,石油进入砂岩所受阻力就小,大部分孔隙水被大量石油排走,从而降低砂岩束缚水饱和度。反之则油藏砂岩黏土多、束缚水饱和度高,这时少量的石油在孔隙中不能形成连续的亲油孔道,被水分割包围,处于孔隙中心位置,与岩石表面隔着一层水膜,因而岩石保持了原来的亲水性。同时,渗透率越低,束缚水饱和度越高,岩石越偏向亲水,亲油岩石比例越少。

矿物含量、孔隙结构与润湿性的关系,在油藏砂岩中与在煤系致密砂岩中不同,虽然毛细管力在两种砂岩中均起到主导作用,但是因为油藏砂岩中有石油进入孔隙改变了岩石润湿性,而气藏砂岩中因没有油运移至砂岩(具体原因见 4.1.3)而保持岩石水湿的特性,所以这两种砂岩中矿物含量、结构与润湿性的关系呈现出不同的结果。

(3)粗糙度对致密砂岩润湿性的影响

前人研究成果表明,岩石表面粗糙度对润湿性影响较大。本书采用接触角法来研究不同粗糙度对致密砂岩润湿性的影响。将每个样品切割成三个厚约 1 cm 的切片,第一个切片依次用 320、600、1000、1500、2000 号砂纸打磨,第二个切片依次用 320、600、1000 号砂纸打磨,第三个切片依次用 320、600 号砂纸打磨。每个样品制成三个表面粗糙度不同的岩石切片。终止打磨时使用的砂纸号越大,砂岩表面越光滑,粗糙度越小。采用 FTA-200 动态接触角测定仪,按照 4.1.2 节中记载的方法测定蒸馏水与三个切片表面的接触角,结果见表 4-9。

表 4-9　不同粗糙度下致密砂岩的接触角

样品编号	接触角/(°)			样品编号	接触角/(°)		
	600 号砂纸	1000 号砂纸	2000 号砂纸		600 号砂纸	1000 号砂纸	2000 号砂纸
1	18.19	19.24	22.61	5	25.68	27.91	28.53
2	27.04	28.56	38.88	6	32.75	33.00	33.69
3	18.94	25.94	28.60	7	17.81	18.72	19.25
4	24.49	25.19	27.28	8	20.87	23.06	29.33

表4-9（续）

样品编号	接触角/(°)			样品编号	接触角/(°)		
	600 号砂纸	1000 号砂纸	2000 号砂纸		600 号砂纸	1000 号砂纸	2000 号砂纸
9	17.68	18.47	27.81	20	13.00	13.17	17.50
10	27.39	27.55	28.05	21	23.63	25.15	29.90
11	22.54	38.40	41.03	22	17.87	22.44	26.06
12	19.41	27.35	27.99	23	57.66	77.15	83.77
13	14.56	15.54	27.52	24	14.44	15.76	17.20
14	24.32	26.37	33.59	25	16.69	19.94	23.40
15	42.09	42.22	43.86	26	18.49	21.20	21.68
16	23.38	23.54	23.87	27	27.38	28.17	30.51
17	32.33	36.61	37.26	28	27.95	28.92	34.65
18	35.11	35.98	42.68	29	35.81	42.68	49.45
19	21.37	21.83	22.74				

从表4-9中可看出，随着砂岩表面粗糙度的减小，砂岩表面的接触角在增大。根据 yang 方程，当接触角小于 $90°$ 时，接触角越大，亲水性越低。即随着表面粗糙度的增加，煤系致密砂岩的亲水性增加。这是因为固体表面的粗糙度增大后，表面变得高低起伏，更多的矿物表面被暴露出来，使岩石表面增加更多不饱和化学键，进而增加固体表面的表面能。更多的不饱和化学键可以与水中的 H^+、OH^- 形成化学键，并进一步与水分子形成氢键等短程作用键。前面内容已经论述过，岩石表面的结构力越强，岩石表面亲水性越强。所以粗糙度增加，致密砂岩表面亲水性增加。

4.3 流体性质对砂岩润湿性影响

流体性质中对砂岩润湿性影响最大的是离子的类型与浓度。Nasralla（2014）等研究发现，当降低注入水的盐离子浓度或提高 pH 时，岩石盐水原油体系中的水与岩石表面的接触角减小，岩石表面由中性变为水湿。Hua 等（2016）研究发现，通过岩心在不同卤水中的吸水试验，当 Ca^{2+} 浓度增加时，卤水的吸水速率大幅度降低，岩石表面的亲水性变差，说明 Ca^{2+} 阻碍低盐度效应，这是因为卤水中的 Ca^{2+} 起到了岩石表面带负电荷部位与原油中离解酸性组分带负电荷极性基团之间的桥梁作用，使砂岩表面具有疏水性；降低 NaCl 盐水的盐度会导致电双层膨胀，增加岩石/盐水和油/盐水界面之间的分离压力，从而使岩石表面更加湿润，提高采收率。Lin 等（2018）发现对于砂岩储层，随着卤水中正离子浓度和价态的降低或 pH 的增加，岩石表面与油之间的相互作用减弱，从而导致岩石表面的水润湿性增加。对于碳酸盐岩储层，高浓度 $CaSO_4$ 或 $MgSO_4$ 盐水有利于提高岩石表面的水润湿性。

对于亲油储层中用海水驱油（使岩石变得亲水）和在重油储层中降低注水速度驱油这两种提高采收率的注水采油方法，机理都尚在研究中，这两种方法可通过抑制绕流、指进和卡断提高水驱效果（何志刚，2011）。虽然表面活性剂可以改变岩石润湿性，提高注水采油的效率，但是其价格高、用量大、耗损大而一直没被有效利用。因为国际油价日益升高和原油资源的日渐枯竭,上述问题一直被关注。因为物美价廉易实施,通过控制注入水中的离子来调节岩石润湿性从而提高采收率的技术在国外得到了广泛的关注。低盐度注水是一种新兴的提高采收率技术,特别适用于混合油湿砂岩储层。用低盐度水驱油可使石油重质末端从孔壁上的黏土中解吸,提高微观波及效率,从而导致更多的水润湿岩石表面、更低的剩余油饱和度和更高的采收率(Tang et al.,1997)。低盐度水驱技术已在阿拉斯加(Lager et al.,2008)、斯诺尔(Skrettingland et al.,2011)和中东油田(Vledder et al.,2010;Mahani et al.,2011)等地得到应用,取得了显著的效果。

盐水中离子如何影响致密砂岩的表面润湿性,目前知之甚少。本书设计如下试验,力求查明盐水中离子类型和离子浓度对致密气藏砂岩润湿性的影响及其作用机理。

4.3.1 离子类型对砂岩润湿性的影响

与上节讨论的结构力不同,砂岩流体主要通过色散力和静电力影响砂岩的润湿性。本次主要研究了流体中离子类型、盐度和酸碱度对砂岩润湿性的影响。

同样的规律也出现在接触角测量法上。挑选 10 个样品切割成片,用 1000 号砂纸打磨表面,做不同离子溶液对砂岩表面的接触角测试,根据 4.1.2 所述步骤,仅改变测量所用溶液的离子类型,其他条件不变,接触角变化趋势如图 4-17 所示。

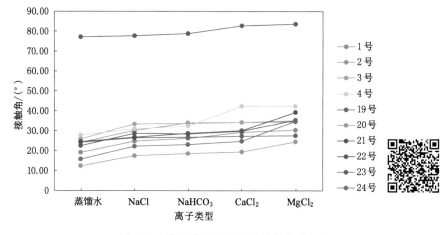

图 4-17　离子类型对砂岩的接触角的影响

由图 4-17 可以得出以下结论。在相同质量浓度的溶液中,① 比起蒸馏水,各种盐水使砂岩接触角变大,亲水性下降;② 同样阳离子(Na^+)情况下,比起中性溶液(NaCl 溶液比蒸馏水使接触角增大 22.15%),碱性溶液(NaHCO₃ 溶液比蒸馏水使接触角增大 27.52%)对砂岩接触角影响略微大一些,使接触角变得更大,亲水性下降得更多;而二价离子(Mg^{2+}、Ca^{2+} 比蒸馏水分别使接触角增大 54.81%、36.60%)比碱性溶液(NaHCO₃ 溶液)使接触角变得更大,亲水性下降得更多;③ 同样阴离子(Cl^-)情况下,比起一价离子(Na^+),二价离子(Mg^{2+}、Ca^{2+})对砂岩接触角影响更大,可以使砂岩接触角变得更大($Mg^{2+} > Ca^{2+} > Na^+$),亲水性下降得更多。

4.3.2 离子浓度对砂岩润湿性的影响

在 29 个样品中选取 6 个,它们的矿物含量等岩石特征和润湿性比较有代表性,如

表 4-10 所示。在 30 ℃下,其他测试条件不变,参考研究区本溪组-太原组-山西组地下水的类型及矿化度,改变试验所用水的盐度(即盐水中的离子浓度),按照 4.1.1 节中自吸法步骤对样品进行润湿性测试,结果见图 4-18。

表 4-10　6 个有代表性砂岩的岩性与润湿性特征

样品编号	矿物含量/%					润湿性指数	润湿性
	石英	长石	菱铁矿	铁白云石	黏土矿物		
3	67.7	7.0	*	4.6	17.0	0.69	亲水
6	55.3	6.5	1.1	1.3	32.0	0.60	亲水
9	69.2	2.0	3.1	*	22.6	0.63	亲水
14	51.6	8.2	13.2	2.0	23.2	0.24	弱亲水
20	64.3	1.8	1.1	*	29.8	0.72	强亲水
24	87.1	1.8	*	*	4.8	0.79	强亲水

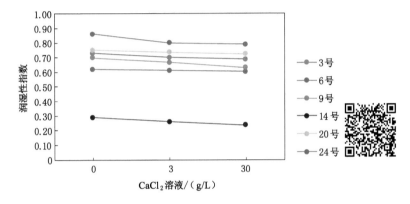

图 4-18　盐水盐度对砂岩润湿性的影响

由图 4-18 可以看出,在低浓度盐水中,比起蒸馏水与致密砂岩间的润湿性指数,3 g/L 的 $CaCl_2$ 溶液使润湿性指数降低 4.94%,30 g/L 的 $CaCl_2$ 溶液使润湿性指数降低 8.11%。随着 $CaCl_2$ 溶液盐度的升高,致密砂岩润湿性指数降低,即盐度升高导致致密砂岩亲水性降低。这一现象在前人工作中得到印证(Hua et al.,2016;Lin et al.,2018),他们的成果证实不管在一价的 NaCl 等离子溶液还是二价的 $CaCl_2$、$CaSO_4$、$MgSO_4$ 等离子溶液,在低浓度盐水中,均呈现随着盐水盐度升高而砂岩亲水性下降的规律。

4.3.3　离子强度对砂岩润湿性的影响机理

在致密砂岩中,流体主要为孔隙水与气体。气体主要为甲烷,对砂岩润湿性影响较小,可以忽略。孔隙水的盐度与离子类型对砂岩润湿性的影响较明显,规律如以上两小节内容所述。不管是离子类型还是盐水盐度对润湿性的影响,归纳起来均是盐水中的离子强度对润湿性的影响。在讨论盐水的离子类型和盐度对润湿性影响之前,我们先引入一个概念——离子强度。

离子强度是溶液中离子浓度的量度,是溶液中所有离子浓度的函数(Sastre et al.,

2004)。离子化合物溶于水时会解离成离子。离子强度的定义如下：

$$I = \frac{1}{2} \sum_{i=1}^{n} c_i z_i^2 \tag{4-10}$$

式中 c_i——离子 i 的摩尔浓度（单位 mol/L）；

z_i——离子所带的电荷数。

因为我们只讨论阳离子带来的影响，故对仅有单一类型阳离子的溶液可自定义公式 I $=1/2 * c_i * z_i^2$ 来计算阳离子的离子强度，结果见表 4-11。可以看出来盐水中离子浓度越高，离子价态越高，其离子强度越高。所以事实上，图 4-17 与图 4-18 均反映同一个问题，即溶液中离子强度增加导致致密砂岩亲水性下降。具体原因如下所述。

表 4-11　试验用各溶液的阳离子强度

溶液	水	30 g/L 溶液				CaCl₂ 溶液		
		NaCl	NaHCO₃	CaCl₂	MgCl₂	0 g/L	3 g/L	30 g/L
摩尔浓度/(mol/L)	0	0.51	0.35	0.27	0.315	0	0.027	0.27
阳离子强度/(mol/L)	0	0.255	>0.175	0.54	0.63	0	0.054	0.54

何志刚(2011)测试石英的零点电荷 pH 为 3 左右，而油气开采时注入水的 pH 一般在 6~8 之间，高于石英的零点电荷 pH，所以一般来说砂岩表面带负电。这在下一节中被 Zeta 电位测量试验证实。由于电荷平衡的要求，带电表面附近的液体中会被固体表面电荷吸附数量相等但符号相反的反离子，即通过该固体表面电荷的静电作用吸引水溶液中的反离子在固液界面处形成双电层(图 4-19)。被致密砂岩表面电荷吸引的反离子在溶液中受到两个相反方向的作用：① 致密砂岩表面吸附反离子的引力，将其拉向固液界面；② 反离子自身的热运动，使其远离固液界面，扩散进入溶液。这两种作用力使反离子在固体表面外呈平衡分布：近固液界面处，反离子(阳离子)浓度高，呈阳离子密集层状，可夹杂少数阴离子，此层为固定层(Stern layer)；越远离固液界面，扩散分布的反离子(阳离子)浓度越低，阴离子浓度则增加，直到固体界面的静电力所不及处，在此处溶液中阴阳离子净电位为零，此层为扩散层(Gouy layer)。这两层就是双电层。双电层厚度通常从几埃米到几百埃米不等(1 埃米＝0.1 纳米)。

试验证明，固体胶体粒子在静电作用下在溶液中发生相对移动时，有一层液体水膜(即稳定层 Stationary layer)牢固地吸附在固体表面，并随表面运动。亦即，该滑动界面(移动界面)不是在固液界面处，而是在扩散层内某处。此滑动界面与远离界面的溶液内部的电位差称为 Zeta 电位(ζ 电位)或电动电位。前人研究发现，固液界面处的表面电位 ψ_0 与滑动界面处 Zeta 电位对水膜厚度与稳定性有很大影响，较大的量值(正或负)支持较厚的吸附水膜(图 4-19)，进而影响固体表面亲水性。在岩石中，此水膜厚度与岩石亲水性成正比(Tokunaga，2012)。

对于平的带电表面，若固体表面电位不很高时，存在如下关系式：

$$\kappa = \left[(e^2 \sum n_i^0 z_i^2)/\varepsilon\varepsilon_0 kT \right]^{1/2} \tag{4-11}$$

当水温为 25 ℃时，上述公式可变为：

$$\kappa = 3.288 * I^{1/2} \tag{4-12}$$

式中 κ——双电层厚度的倒数；

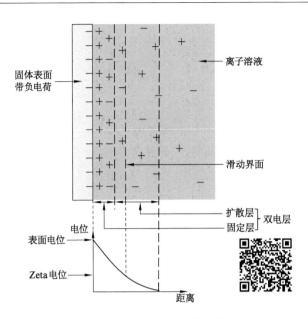

图 4-19 砂岩表面双电层示意图

e——电子电荷；

z_i——离子价态数；

ε——溶液的电容率；

k——玻耳兹曼常数；

T——热力学温度。

由式(4-11)可见,溶液中离子浓度和离子价态增加或介电常数减小,则双电层厚度将减小。

通过式(4-12)和图 4-20 可以看出,增加溶液中的离子强度(即增加离子浓度与价态数)均使双电层厚度变薄。在这种情况下,扩散层被压缩变薄,扩散层内电势降加快,更多的反离子进入固定层,Zeta 电位因此变小,吸附层水膜变薄。即更浓的反离子溶液在较短的距离内实现了双电层与岩石表面静电荷的电荷平衡导致水膜变薄(Tokunaga,2012)。水膜变薄导致固体表面亲水性越低。所以离子浓度与离子价态的增加导致离子强度的增加,导致致密砂岩表面水膜变薄,进而导致岩石表面亲水性下降。这一结论与前人使用不同类型的盐溶液(如氯化钾、氯化钠)对砂岩或石英测试的结果相同(Churaev,1988;Kim et al.,2012;Jung et al.,2012;Liu et al.,2015)。

4.3.4 pH 对砂岩润湿性的影响

为了研究酸碱度对砂岩润湿性的影响,使用盐酸和 NaOH 调节溶液的酸碱度,在 3 种不同酸碱度(5、7、8.5)条件下,用 3 g/L 氯化钙溶液进行了自吸法润湿性试验。结果如图 4-21 所示。

由图 4-21 可以看出,随着 pH 的增加,致密砂岩表面亲水性略有增加。这与许多其他研究成果是一致的(Gribanova,1976;Churaev,1988;Jung et al.,2012)。但是总体增幅不大,当 pH 在 5～7 之间时,pH 每增加 1,润湿性指数增加 0.61%～6.52%,平均增加

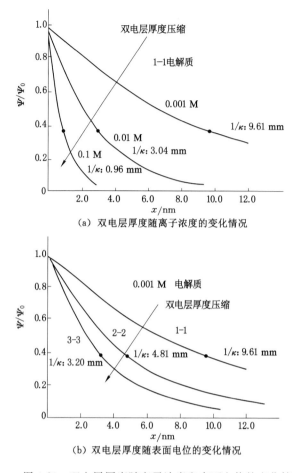

（a）双电层厚度随离子浓度的变化情况

（b）双电层厚度随表面电位的变化情况

图 4-20　双电层厚度随离子浓度和表面电势的变化情况

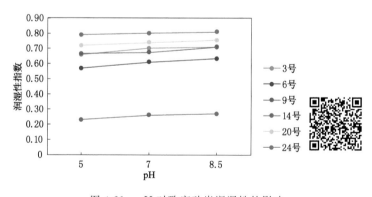

图 4-21　pH 对致密砂岩润湿性的影响

2.69%；当 pH 在 7～8.5 之间时，pH 每增加 1，润湿性指数增加 0.75%～3.50%，平均增加 1.90%。在 5～8.5 范围内，pH 越大，润湿性指数增幅下降。

我们认为，溶液酸碱度通过固液界面处静电作用来影响岩石表面亲水性。为验证这一猜想，测量了不同酸碱度下致密砂岩表面 Zeta 电位的变化，进一步探讨不同酸碱度时砂岩颗粒双电层之间静电作用的变化。选取样品(编号为 14、20、24)以及纯石英,使用 Nanobrook Zeta-plus 电泳分析仪(Brookhaven Instruments,USA)测量 Zeta 电位。将样品颗粒破碎至 $10~\mu m$,放入 $10^{-3}~mol/L$ 浓度的 NaCl 溶液,制成质量分数为 0.04% 的悬浮液,搅拌 30 min 后即可开始试验。试验使用 HCl 和 NaOH 溶液来调节 NaCl 溶液的 pH,总的酸碱度测量范围为 $3\sim10$(pH 增幅为 1),在测量 Zeta 电位之前,悬浊液要在每个 pH 下平衡 5 min。测试结果如图 4-22 所示,结果说明,pH 位于 $5\sim8.5$ 之间时,随着 pH 的增加,Zeta 电势的绝对值(负值)不断变大。在 4.3.3 小节中已经阐明较大的 Zeta 电位量值(正或负)支持较厚的吸附水膜,而水膜厚度与岩石亲水性成正比。所以随着 pH 的增加($5\sim8.5$),致密砂岩表面水膜厚度增加,亲水性增加。这也解释了图 4-21 中 pH 对致密砂岩润湿性的影响方式。并且 pH 在 5 至 7 之间时,Zeta 电位绝对值降幅较大,pH 大于 7 之后,Zeta 电位绝对值降幅变小,这也就解释了为何 pH 为 $5\sim7$ 时的砂岩润湿性指数增幅大于 pH 为 $7\sim8.5$ 时的砂岩润湿性指数增幅。

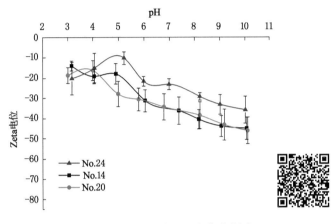

图 4-22 pH 对 Zeta 电位的影响

从图 4-22 中可以进一步预测其他 pH 下致密砂岩润湿性的变化。当 pH 从 3 增大到 11 时,Zeta 电位的绝对值先减小后增大,一般在 $4\sim5$ 之间达到极小值。所以,对应的,当 pH 从 3 增大到 5 时,致密砂岩表面水膜厚度与亲水性先减少后增大,在 $4\sim5$ 之间达到极小值。当 pH 从 8.5 增大到 11 时,Zeta 电位的绝对值一直增大,所以对应的,致密砂岩表面水膜厚度与亲水性也一直增大。

4.4 温度对砂岩润湿性的影响

为得到温度对砂岩润湿性的影响,根据 4.1.1 小节中的自吸法试验程序,使用水浴改变测试的温度,其他测试条件不变,仍选取 4.3.2 小节中的 6 个砂岩样品进行测试,测试结果如图 4-23 所示。

由图 4-23 可以看出,温度越高,砂岩亲水性越强,二者几乎呈线性增长关系。并且从 $30\sim40~℃$,温度每增加 $10~℃$,润湿性指数增幅较大,范围为 $1.27\%\sim16.67\%$,平均为 7.71%;$40\sim60~℃$ 范围内,温度每增加 $10~℃$,润湿性指数增幅较之前下降,范围为 $0.63\%\sim7.14\%$,平均为 2.41%。即温度越高,致密砂岩亲水性增幅下降。

同时还可注意到,在 $60~℃$ 下,14 号样品从弱亲水变为中等亲水。事实上,温度变化时,

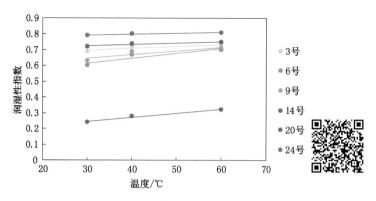

图 4-23　温度对砂岩润湿性的影响

亲水砂岩润湿性变化主要表现在砂岩自吸水排油量增加，其他指标基本不变，这表明温度增加使砂岩与水的亲和性增强，所以砂岩自发吸水能力增强。这与前人研究结论一致（Gribanova，1992；Tang et al.，1997；Liu et al.，2015）。例如 Tang 等（1997）研究发现水润湿性和油回收率随着温度的增加而增加。

　　温度主要通过影响固液界面张力来影响润湿性。液体的表面张力越小，固体的表面张力越大，则固液间亲和性越好，液体在固体上的润湿性能越好。在岩水体系中，固液界面张力是范德华力的结果（Van Oss，2006）。在小于地层温度（70 ℃左右）的范围内，随着温度的升高，固体表面能受温度变化的影响较小（颜肖慈等，2004），但是液体表面张力的降低速度比固体表面张力的降低速度快得多，因为水滴的热振动增加会削弱范德华力（Gribanova，1992；Van Oss，2006；Arsalan et al.，2013）。笔者测试了不同温度下的 30 g/L 氯化钙溶液的表面张力。如表 4-12 及图 4-24 所示，试验结果表明，随着温度从 30 ℃升高到 60 ℃，30 g/L 氯化钙溶液的表面张力由 69.37 mN/m 降低到 60.25 mN/m。所以液体表面张力随着温度的升高而近乎呈线性降低，随之固液界面上范德华力减小，固液界面张力降低，固液亲和力提高，岩石表面亲水性提高。

表 4-12　不同温度下 30 g/L 氯化钙溶液的表面张力

温度/℃	30	40	50	60
表面张力/(mN/m)	69.37	68.37	66.40	60.25

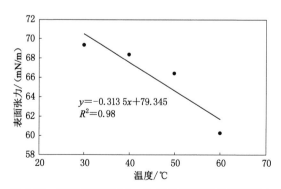

图 4-24　不同温度下 30 g/L 氯化钙溶液的表面张力

应注意的是,随着温度的升高,含有更多黏土矿物砂岩(6/9/14 号样品)的亲水性增幅更大,这是由于黏土矿物与水的范德华力比石英与水的范德华力强(Tokunaga,2012)。

4.5　小　　结

通过一系列改变润湿性测试条件的试验设计,本章主要取得以下认识:

① 通过自吸法和接触角法测试可知,研究区本溪组、太原组和山西组致密砂岩接触角小于 90°,相对润湿性指数为 0.21~0.79,均为水湿砂岩,亲水性从强亲水、中等亲水至弱亲水均有分布。测定润湿性的新方法——吸水挥发速度比法与自吸法润湿性结论一致,且测试过程简单、周期短、试验成本低,数据更精确,可用于煤系常规和致密气藏砂岩润湿性的测定。

② 各种因素均通过影响静电力、色散力和结构力这三种表面力影响岩石的润湿性。致密砂岩润湿性的影响因素共有两大类:a. 直接因素,包括岩石表面性质、流体性质、地层条件;b. 间接因素:沉积微相和成岩作用等。

③ 矿物表面断裂键与水之间的结构力导致砂岩亲水性强,其中,石英对致密砂岩润湿性起主要影响,其含量越高,砂岩越亲水。在致密气藏砂岩中,越亲水的砂岩石英含量越高,黏土矿物和碳酸盐矿物、黄铁矿等含量越低,孔隙度与渗透率越高,结构成熟度与成分成熟度越高。随着表面粗糙度的增加,更多的矿物表面及其不饱和化学键露出,致密砂岩表面亲水性增加。

④ 溶液中离子通过影响固液界面的静电作用影响固液间润湿亲和性。其他条件相同的情况下,碱性溶液比中性溶液、二价阳离子溶液比一价阳离子溶液均会使致密砂岩接触角变得更大,亲水性下降得更多。这是因为增加溶液中的离子强度(即增加离子浓度与价态数)均使双电层厚度变薄,更浓的反离子溶液在较短的距离内实现了双电层与岩石表面静电荷的电荷平衡导致水膜变薄和岩石表面亲水性降低。当 pH 从 3 增大到 11 时,Zeta 电位的绝对值先减小后增大,一般在 4~5 之间达到极小值。相应的,致密砂岩表面水膜厚度与亲水性先减小(降低)后增大(增强),在 4~5 之间达到极小值。

⑤ 地层温度主要通过影响固液间范德华力影响润湿性。随着温度的升高,液体表面张力减小,固液界面上范德华力减小,固液界面张力减小,固液亲和力增大,岩石表面亲水性提高。黏土矿物含量越高,砂岩亲水性随温度升高的增幅越大。

5 沉积微相及其对砂岩润湿性的控制

研究区煤系三套典型的砂岩分别为本溪组晋祠砂岩、太原组桥头砂岩和山西组北岔沟砂岩。由沉积、气候、构造等因素引起的旋回性是煤系的重要特征(Lei et al.,2012),故煤系致密砂岩也因此具有旋回性。不同沉积微相中形成的致密砂岩也具有煤系特有的沉积特征,进一步影响致密砂岩润湿性及其分布。

5.1 沉积相类型及沉积特征

基于前人对本研究区煤系沉积环境的研究(沈玉林,2009;秦勇等,2016),系统分析50余口井的钻井测井资料,结合垂向沉积组合、野外剖面、沉积岩石学、古生物化石组合、测井等沉积相标志,在本溪组、太原组、山西组中识别出3种沉积相、6种沉积亚相和14种沉积微相类型(表5-1)(图5-1)。

表 5-1 研究区本溪组、太原组和山西组沉积相类型

沉积体系	沉积相	沉积亚相	沉积微相
碳酸盐潮坪体系	碳酸盐潮坪	碳酸盐潮下坪	局限潮下、开阔潮下
障壁砂坝-潟湖体系	障壁砂坝-潟湖	障壁砂坝	
		潟湖	
		潮坪	砂坪、混合坪、泥坪、泥炭沼泽
三角洲体系	浅水三角洲	前三角洲	
		三角洲前缘	水下分流河道、河口砂坝、水下天然堤、分流间湾、泥炭沼泽

5.1.1 碳酸盐潮坪相

碳酸盐潮坪主要发育在研究区本溪组、研究区南部太原组,山西组中没有该沉积相。主要沉积物为灰黑色、灰色泥晶灰岩与生物碎屑灰岩,以泥晶结构-生物碎屑结构,波状层理、块状层理为主,反映沉积环境基底低坡度、浅水深、潮汐作用为主的水动力条件。该碳酸盐潮坪的沉积模式主要为缓坡型陆表海型,因受陆源碎屑的影响而呈现出清水与浑水混合的特征。碳酸盐潮下坪亚相主要形成于潮下环境,由沉积特征可进一步分为局限潮下微相和开阔潮下微相。

(1)局限潮下微相

局限潮下微相主要发育于本溪组下段张家沟灰岩(又名畔沟灰岩)(Lb)和上段扒楼沟灰岩(L0)以及研究区南部太原组下段庙沟灰岩(L1)和上段东大窑灰岩(L5)。该微相主要沉积物为泥灰岩、含生物碎屑泥质灰岩、生物碎屑泥晶灰岩,夹泥岩条带,夹灰黑色生屑(即生物碎屑)条带。生屑大小为 1～5 mm,生物种属相对单调,包括棘皮类、腕足类、腹足类、瓣鳃类、介形虫类,少量 䗴及牙形石,该生物组合表征了半咸水-咸水介质条件。该微相以块状层理及水平波状层理为主,并可见各种生物潜穴。自然伽马曲线呈低幅值齿化箱状,因陆源碎屑混入导致曲线略有起伏(图 5-1)。

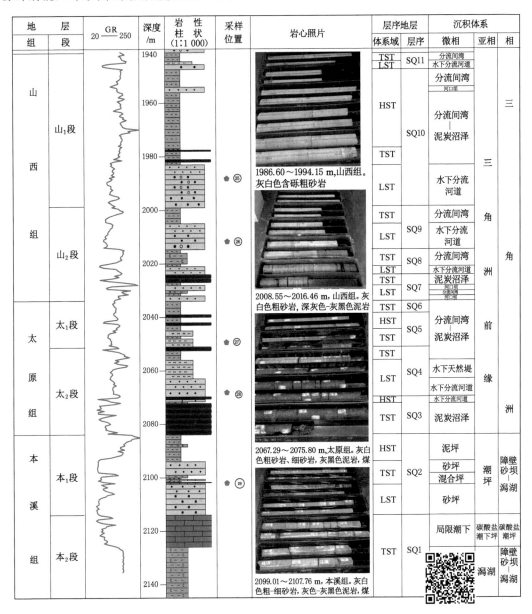

图 5-1　SM17 井本溪组、太原组、山西组综合柱状图

(2)开阔潮下微相

开阔潮下微相主要发育于研究区东南部太原组上段斜道灰岩(L4)。该微相主要沉积物为泥晶灰岩和生物碎屑泥晶灰岩,质地较纯净,陆源碎屑含量低,见黄铁矿结核,局部夹泥

质条带,夹灰黑色生屑条带。生物化石含量丰富,包括腕足类、软体类、棘皮类、蜓、有孔虫、介形虫、苔藓虫、海绵、珊瑚及藻类等。该生物组合表征正常海水条件。可见水平波状层理、块状层理,这指示开阔低能沉积环境。自然伽马曲线基本无起伏,呈低平箱状。

5.1.2 障壁砂坝-潟湖相

障壁砂坝-潟湖相主要发育于本溪组、太原组中,由障壁砂坝、潟湖和潮坪组成,研究区内未见潮汐通道和潮汐三角洲沉积。垂向上,碳酸盐潮坪沉积常向上变为障壁砂坝、潟湖、潮坪沉积,构成向上变浅的旋回。根据其沉积特征,可进一步分为障壁砂坝亚相、潟湖亚相和潮坪亚相。

（1）障壁砂坝亚相

障壁砂坝沉积主要发育于本溪组、太原组,主要沉积物为灰色、灰白色粗粒中粒细粒石英砂岩、岩屑石英砂岩,石英含量高,占碎屑颗粒的85%以上,分选好,磨圆中等,次棱角至次圆状,成分与结构成熟度较高。其概率累积曲线常缺少滚动总体,跳跃总体斜率高,若为两段式则说明其受动荡水流的影响,悬浮总体含量高,意味着三角洲带来大量细粒碎屑。见生物虫迹,发育冲洗交错层理和低角度板状至楔状交错层理。自然伽马曲线呈箱状起伏,幅值向上降低,呈漏斗状,反映逆粒序沉积(图5-1)。

（2）潟湖亚相

潟湖是由障壁岛将其与广海隔开,其水体处于封闭或半封闭状态,主要发育于本溪组,主要沉积物为灰黑色、灰色粉砂质泥岩、泥岩,夹透镜状粉砂岩至细砂岩。生物化石属种单调,常见腕足类 *Lingula* sp.,次为植物化石碎片和腹足类、瓣鳃类等,见水平至倾斜生物潜穴及生物扰动构造。水平层理发育,可见大量菱铁质结核或条带、黄铁矿晶粒及结核,反映还原的沉积环境。如表3-11所示,其泥岩样品微量元素特征为:V/Cr 值介于 1.28～3.28之间,平均2.28,富氧至贫氧环境均有,整体为贫氧环境;V/(V+Ni) 值介于 0.84～0.85之间,平均0.85,古底层水为水体分层及底层水体中出现 H_2S 的厌氧环境;Sr/Ba 为 0.58～1.75,均值1.16,整体为咸水至半咸水沉积,反映海相沉积环境,局部盐度下降可能是受到河流注入的影响;Sr/Cu 为 9.17～23.04,均值 16.10,反映潟湖沉积物形成于干热气候。自然伽马幅值较高,曲线高平,呈微齿状至齿状(图5-1)。

（3）潮坪亚相

潮坪环境中无强波浪作用,以潮汐作用为主,普遍发育于障壁砂坝后、潟湖及海湾周缘地带。潮坪在研究区主要发育于本溪组、太原组,潮汐层理发育和含大量黄铁矿是其重要的沉积特征。可再分为砂坪、泥坪、混合坪和泥炭沼泽等沉积微相(图5-1)。

① 砂坪微相。发育于高能的低潮线附近,主要沉积物为灰色、灰白色中至细粒岩屑石英砂岩,石英含量较高,占碎屑颗粒的 67%～77%,分选磨圆较好,砂岩成分成熟度较高,夹泥质粉砂岩条带。砂坪发育波状层理、脉状层理及低角度小型交错层理;概率累积曲线以跳跃总体为主,可呈多段式双跳跃型,反映了受涨落潮流改造的特点,悬浮总体含量高,反映在变化水流水动力低时沉积大量细粒物质。砂坪相砂体厚度相对稳定,平面上呈席状展布,分布范围较大。自然伽马曲线呈箱状(图5-1)。

② 混合坪微相。混合坪发育于潮间带中部,砂泥坪之间。混合坪主要沉积物为粉砂岩与泥岩互层,夹透镜体状深灰至灰黑色细粒至极细粒岩屑石英砂岩、岩屑砂岩,沉积构造以

潮汐层理(包括脉状层理、波状层理、透镜状层理)及沙泥互层层理为主。可见各种生物潜穴与生物停栖迹,含大量植物化石、大量菱铁矿及黄铁矿结核。概率累积曲线以跳跃总体为主,可呈多段式双跳跃型,悬浮总体含量非常高。这些沉积标志反映了混合坪沉积时多变的能量、水流和碎屑供给条件。自然伽马测井曲线因含砂而呈剧烈起伏的锯齿状(图5-1)。

③ 泥坪微相。泥坪发育于低能的潮间带上部至平均高潮线附近。泥坪主要沉积物为灰黑、深灰色粉砂质泥岩、泥岩,夹粉砂岩薄层,发育水平层理及透镜状层理,发育生物扰动构造,可见大量菱铁矿、黄铁矿结核及植物根化石。在潮湿气候下,泥坪向泥炭沼泽转化,泥坪相泥岩常发育为煤层底板。自然伽马幅值较高,曲线因含砂岩夹层而呈齿状至锯齿状。如表3-11所示,其泥岩样品微量元素特征为:V/Cr值介于0.58~3.66之间,平均1.97,富氧至贫氧环境均有,整体为富氧的氧化环境;V/(V+Ni)值介于0.73~0.83之间,平均0.79,反映古底层水为水体分层不强的厌氧环境;Sr/Ba值为0.22~0.62,均值0.47,海陆过度半咸水至陆相微咸水均有,受到陆源碎屑物质注入的影响,该地区的潮坪沉积物比传统海相沉积物中的Sr/Ba低;Sr/Cu为2.44~10.09,均值4.84,反映本溪组泥坪沉积物形成于温湿气候,向太原组渐变为温湿至干热气候。

④ 泥炭沼泽微相。潮坪中的泥炭沼泽微相多由泥坪在潮湿气候下发育而来,为海相成煤环境,主要沉积物为煤,煤层层位稳定,分布面积广,但厚度变化大,常见分叉尖灭现象,夹泥岩薄层或透镜体,夹矸及黄铁矿硫含量高。研究区本溪组、太原组煤层(包括8#、9#煤层)主要形成于泥炭沼泽。煤层的自然伽马幅值较低,曲线因夹泥岩而呈锯齿状,若煤层较薄,则自然伽马曲线呈指状(图5-1)。如表3-11所示,发育于泥炭沼泽中的泥岩样品微量元素特征为:V/Cr值介于2.08~4.08之间,平均3.05,均为贫氧环境;V/(V+Ni)值介于0.85~0.91之间,平均0.87,古底层水为水体分层及底层水体中出现H_2S的厌氧环境;Sr/Ba值为0.27~0.51,均值0.38,均为陆相微咸水或淡水;Sr/Cu值为2.40~5.41,均值3.58,反映本溪组、太原组泥炭沼泽形成于温湿气候。

5.1.3 浅水三角洲相

该沉积相主要发育于研究区山西组及研究区北部太原组,并且研究区内仅见三角洲前缘及前三角洲,三角洲平原发育于研究区以北,此处不予讨论。研究区内三角洲的发育受基地平缓的陆表海背景的限制,具有浅水三角洲的特征,即三角洲前缘中水下分流河道微相特别发育,强烈冲刷下伏细粒沉积物,导致前三角洲、河口砂坝及先期形成的海相沉积物均因被冲蚀破坏而不发育。

(1)前三角洲亚相

研究区内该亚相不发育,主要沉积物为灰黑至深灰色粉砂质泥岩、泥岩,见碳屑及植物化石碎片,沉积构造以水平层理为主,纹层发育。自然伽马曲线呈高幅微齿至齿化。垂向上,前三角洲通常与分流间湾或潟湖-潮坪共生,常处于三角洲层序的底端,向上构成逆粒序。

(2)三角洲前缘亚相

三角洲前缘亚相是本区浅水三角洲沉积体系的主体,可进一步分为水下分流河道微相、分流间湾微相、水下天然堤微相、泥炭沼泽微相和河口砂坝微相。其自然伽马测井曲线垂向上为反映逆粒序的漏斗状。其中:

① 水下分流河道微相。这是三角洲平原分流河道延伸至水下的部分,主要沉积物由浅灰色、灰白色粗至中粒岩屑石英砂岩、岩屑砂岩组成,石英含量为 60％～86％,顶部为细砂岩,底部滞留沉积物为含泥砾的细砾岩、含砾粗砂岩,常强烈冲刷下伏地层,为自下而上变细的正粒序旋回。沉积构造主要为板状至楔状交错层理、平行层理等,夹泥质条带。水下分流河道沉积的砂岩比分流河道砂岩粒级细、颜色深。概度累积曲线常缺乏滚动总体而呈两段式,主体为跳跃总体,悬浮总体含量较少,二者之间多发育过渡带。自然伽马曲线呈中至低幅微齿化的钟型、圣诞树型或箱型(图 5-1)。

② 河口砂坝微相。这在本区不甚发育,主要沉积物为灰色细至中粒岩屑石英砂岩及岩屑砂岩,含菱铁矿、少量泥屑及较多碳屑。沉积构造以水平层理、砂纹层理和小型板状交错层理为主,横向上砂体呈透镜状。概率累积曲线缺乏滚动总体,主要由跳跃总体组成,分选中等至差,悬浮总体含量高,跳跃总体与悬浮总体之间发育过渡带。垂向上,河口砂坝、水下分流河道与分流间湾常共生,自然伽马曲线呈微齿化至齿化的漏斗形(图 5-1)。

③ 水下天然堤微相。这是陆上天然堤的水下延伸部分,在本研究区不甚发育。该微相主要沉积物为灰色细粒泥质岩屑砂岩,夹薄层泥质粉砂岩,具砂纹层理、波状层理和爬升层理,可见虫孔、泥球、包卷层理、植物碎片以及黄铁矿、菱铁矿、大量黏土等。概率累积曲线反映悬浮物含量高。自然伽马曲线多呈指形。水下天然堤常位于水下分流河道微相上方,构成正粒序。

④ 分流间湾微相。其主要沉积物为灰黑色、灰色碳质泥岩、泥岩、粉砂质泥岩及粉砂岩,夹细砂岩透镜体,含植物化石碎片和黄铁矿结核,沿一定层位大量产出菱铁矿结核。沉积构造主要为水平层理和透镜状层理。自然伽马曲线呈高幅微齿化至齿化(图 5-1)。如表 3-11 所示,泥岩样品地球化学测试结果表明:V/Cr 值介于 0.88～3.66 之间,平均 2.11,富氧至贫氧环境均有,整体为贫氧环境;$V/(V+Ni)$ 值介于 0.46～0.86 之间,平均 0.78,古底层水从水体分层弱至分层强的环境均存在,以水体分层不强的厌氧环境为主;Sr/Ba 为 0.15～0.36,均值 0.26,均为陆相微咸水或淡水沉积;Sr/Cu 为 1.90～13.93,均值 5.60,反映太原组、山西组形成于半温湿半干热气候。

⑤ 泥炭沼泽微相。它位于分流间湾的相对凸起地带,垂向上与分流间湾共生(图 5-1)。其沉积物主要为煤及黑色至灰黑色碳质泥岩,偶夹洪水成因粉砂岩透镜体。自然伽马曲线薄煤层呈指状凸起,厚煤层呈低幅锯齿状(图 5-1)。如表 3-11 所示,泥岩样品地球化学测试结果表明:V/Cr 值介于 2.39～2.82 之间,平均 2.60,整体为贫氧环境;$V/(V+Ni)$ 值介于 0.68～0.71 之间,平均 0.70,古底层水为水体分层不强的厌氧环境;Sr/Ba 值为 0.25～0.72,均值为 0.49,反映过渡相沉积;Sr/Cu 为 3.20～3.60,均值 3.40,反映温湿气候。

5.2 层序地层格架与对比

在层序地层学和沉积学理论的指导下,以露头观察、剖面资料、岩心观察、测井、地震、地化资料为基础,通过层序界面和体系域界面的识别,建立研究区本溪组、太原组和山西组层序地层格架;在厘定沉积相的基础上,明确层序格架内的沉积演化特征,以期为鄂尔多斯盆地东北缘的气田勘探和开发提供地质支撑。

5.2.1 层序界面

层序界面是以不整合面或与之相对应的整合面为特征,它是平面上连续的广泛分布的界面,至少在整个盆地分布。建立层序地层格架的首要的工作是识别出地层中的关键界面,即层序界面。识别出不同级别的界面对于正确划分旋回、确立地层格架具有关键性的作用。

(1) 二级层序界面

在本次研究中,每个组即一个二级层序,其界面往往是区域构造演化转折点,可以通过岩性特征、地震剖面、测井曲线进行识别。

① 马家沟组与本溪组的界面:全区稳定发育,马家沟组白云岩之上为本溪组鸡窝式铁矿、铝土质泥岩等风化壳,野外颜色特征明显(紫红色),岩性组合使得该界面易识别。该界面铁铝土岩层测井特征为特高伽玛、低声波和高密度,在地震剖面上是一个连续性好的强反射波。② 本溪组与太原组界面:为 $8+9^{\#}$ 煤层底面,全区稳定发育,该煤为全区最厚的煤层,岩性组合使得该界面易识别。该界面 $8+9^{\#}$ 煤层的测井特征为低伽玛、低密度、高声波、高电阻,在地震剖面上是同相轴连续性好的强振幅反射波。③ 太原组与山西组界面:北岔沟(K_3)砂岩底面,全区发育。太原组顶部自然伽马高值突变为山西组低值,北岔沟(K_3)砂岩表现为自然伽马曲线底部突变的箱型或钟型,地震波表现为强至中振幅,同相轴连续性好。④ 山西组与下石盒子组界面:骆驼脖子(K_4)砂岩底面,全区稳定发育。在测井响应中表现为自然伽马曲线底部突变的低伽玛箱型或钟型、自然电位负异常,地震波表现为强至中振幅,同相轴连续性较好。

(2) 三级与四级层序界面

三级层序是由不整合面或其对应的整合面而限定的一组相对整合地层序列,由具有成因联系的若干不同岩性岩相组成,是盆地沉积演化——周期性幕式变化过程中形成的沉积充填序列,所以三级层序界面往往是是盆地沉积演化的转折点。四级层序是三级层序内一套由海平面(或水平面)升降引起的不同岩性岩相的组成。本次研究的三级与四级层序界面主要发育于组内,为沉积体系转化面、古土壤暴露面、古风化面、河道下切面等,具体如下:

① 晋祠砂岩(K_1)底面:三级层序界面,也是本$_1$段与本$_2$段分界面,晋祠砂岩底冲刷本$_2$段 L_b 灰岩,为河道下切面和沉积体系转换界面,界面之上在研究区北部为浅水三角洲沉积,南部为碳酸盐潮坪及障壁砂坝-潟湖沉积,界面之下均为碳酸盐潮坪及障壁砂坝-潟湖沉积。② 桥头(K_2)砂岩底面:四级层序界面,为沉积体系转化面和河道冲刷面,界面之上在研究区北部为浅水三角洲前缘沉积,南部为潮坪沉积,界面之下南北部均为潮坪沉积。③ 斜道(L_4)灰岩底面:三级层序界面,研究区内该灰岩稳定分布最广,代表晚古生代最大海侵。④ 东大窑(L_5)灰岩底面:四级层序界面,最大海侵之后形成东大窑灰岩与其上覆的海相泥岩,研究区内它们常受上覆砂岩下切作用而缺失。⑤ 山西组内多个砂岩底界面:三级或四级层序界面,均为河流冲刷面或古土壤暴露面,多位于煤层顶面。

(3) 体系域转换界面

在研究区初始海泛面被定义为位于低位体系域砂砾岩体之上的泥岩、粉砂质泥岩和粉砂岩等细粒沉积的底面,在低位体系域不发育的层序中,初始海泛面与层序界面重合。海侵体系域的顶面即最大海泛面或最大水泛面。在深海,凝缩层代表最大海泛面;在浅海区域,海相泥岩或灰岩顶面代表最大海泛面(郭英海等,2004);在非海相地层中,自然伽马高异常的细脖子泥岩顶端代表最大水泛面;在煤系中,区域稳定发育的厚煤层顶端代表最大水泛面(邵龙义,1998;沈玉林,2009)。

5.2.2 层序地层格架的划分及对比

根据上述各级界面,将本溪组、太原组、山西组划分为 3 个二级层序、6 个三级层序及 11 个四级层序 SQ1 至 SQ11,每个四级层序包含 2~3 个体系域。据此划分研究区含多口井的层序地层,如图 5-1 至图 5-6 所示。并建立南北部层序地层格架连井剖面,如图 5-7 和图 5-8 所示。总结研究区多口井的层序地层划分结果,最终建立起研究区本溪组、太原组及山西组层序地层格架,具体如表 5-2 所示。

由本小节图表可知,研究区煤系致密砂岩储层表现出以下特征:① 砂岩单层厚度不大,累计厚度大;② 垂向上,煤层、泥页岩层、砂岩层往往多次重复交替出现,即垂向上岩性分布具有旋回性;③ 共生的煤、煤层气、页岩气、致密砂岩气等多种矿产资源具有共采潜力;④ 烃源岩种类多,有机质含量高,以Ⅲ型干酪根为主,构造热演化显著;⑤ Ⅲ型干酪根受热生成大量烃类气体,经短距离运移且就近储集于砂岩中,可形成含气量大、不含油的煤系致密砂岩气藏。

5.2.3 层序地层单元沉积特征

由表 5-2 可知,研究区本溪组和山西组内每个组对应一个二级层序 SQⅠ 至 SQⅢ,SQⅠ为受限陆表海沉积,对应本溪组,沉积时间为 308~295 Ma(距今,下同),共 13 Ma;SQⅡ为发育的陆表海沉积,对应太原组,沉积时间为 295~285 Ma,共 10 Ma;SQⅢ为持续区域海退、残余陆表海背景下的曲流河浅水三角洲沉积,对应山西组 285~272 Ma,共 13 Ma(沈玉林,2009)。每个二级层序可分为两个三级层序(对应每组内的两个段),共六个三级层序 SQ(Ⅰ) 至 SQ(Ⅵ)。每个三级层序可分为 1~3 个四级层序,共 11 个四级层序 SQ1 至 SQ11。每个四级层序内包含低位体系域、水进体系域和高位体系域。但是此处缓坡型陆表海的层序中常缺失低位体系域,高位体系域常因上部低位体系域下切河道冲刷剥蚀而缺失。例如层序 SQ1、SQ3、SQ5 中低位体系域不发育,层序 SQ6 至 SQ11 中高位体系域不发育(图 5-7 至图 5-8)。

现将各四级层序的沉积特征及沉积演化总结如下:

SQ1:底界为风化面铁铝层底面,顶界为晋祠砂岩底面。SQ1 包括水进体系域和高位体系域。前者主要由潟湖亚相铁铝质泥岩、障壁砂坝砂岩和畔沟灰岩组成,畔沟灰岩顶面代表最大海泛面;后者由潮坪相砂泥岩、潟湖相泥岩及障壁砂坝砂岩组成,在研究区北部因晋祠砂岩的冲刷而保存不全。

SQ2:底界为晋祠砂岩底面,顶界为 8+9# 煤层底面。SQ2 包括低位体系域、水进体系域和高位体系域。低位体系域在研究区北部较为发育,为水下分流河道相粗粒晋祠砂岩;水进体系域在研究区北部发育分流间湾泥岩和粉砂岩,研究区南部发育泥炭沼泽相煤层、潮坪相细至粉砂岩、泥岩和碳酸盐潮下坪扒楼沟灰岩,扒楼沟灰岩顶面代表最大海泛面;高位体系域由北部分流间湾相泥岩和南部潮坪相泥岩组成。

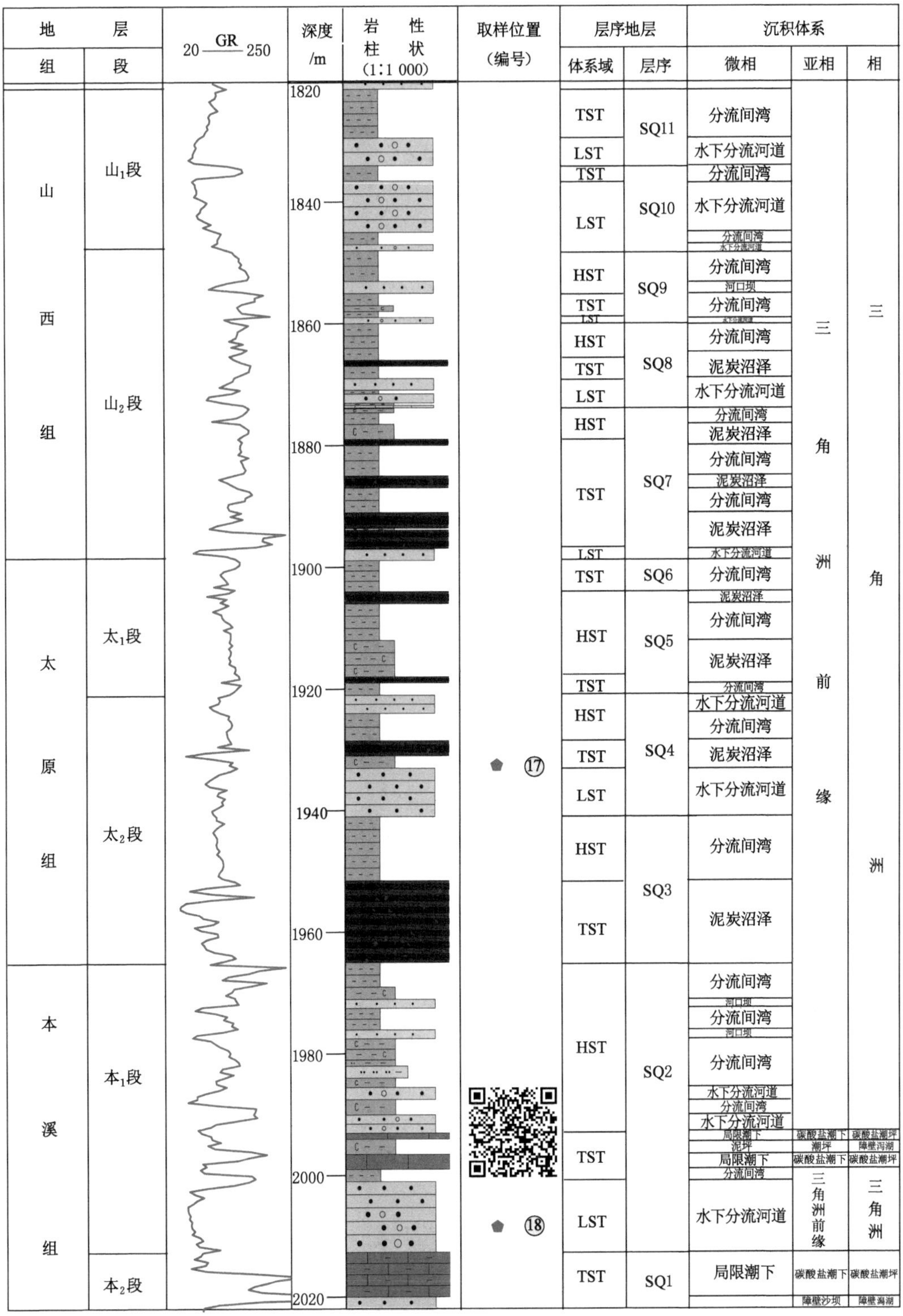

地层		GR	深度	岩 性	取样位置	层序地层		沉积体系		
组	段	20 ──── 250	/m	柱 状 （1:1 000）	（编号）	体系域	层序	微相	亚相	相
山 西 组	山₁段		1820			TST	SQ11	分流间湾	三 角 洲 前 缘	三 角 洲
						LST		水下分流河道		
			1840			TST	SQ10	分流间湾		
						LST		水下分流河道		
								分流间湾		
								水下分流河道		
	山₂段					HST	SQ9	分流间湾		
			1860					河口坝		
						TST		分流间湾		
						LST		水下分流河道		
						HST	SQ8	分流间湾		
						TST		泥炭沼泽		
						LST		水下分流河道		
			1880			HST		分流间湾		
								泥炭沼泽		
						TST	SQ7	分流间湾		
								泥炭沼泽		
								分流间湾		
								泥炭沼泽		
			1900			LST		水下分流河道		
						TST	SQ6	分流间湾		
太 原 组	太₁段							泥炭沼泽		
						HST	SQ5	分流间湾		
								泥炭沼泽		
			1920			TST		分流间湾		
						HST		水下分流河道		
								分流间湾		
					● ⑰	TST	SQ4	泥炭沼泽		
	太₂段					LST		水下分流河道		
			1940							
						HST		分流间湾		
							SQ3			洲
			1960			TST		泥炭沼泽		
								分流间湾		
								河口坝		
本 溪 组	本₁段		1980			HST	SQ2	分流间湾		
								河口坝		
								分流间湾		
								水下分流河道		
								分流间湾		
								水下分流河道		
					▣	TST		局限潮下	碳酸盐潮下 潮坪	碳酸盐潮坪
			2000					泥坪		障壁潟湖
								局限潮下	碳酸盐潮下	碳酸盐潮坪
								分流间湾	三 角 洲 前 缘	三 角 洲
					● ⑱	LST		水下分流河道		
	本₂段					TST	SQ1	局限潮下	碳酸盐潮下	碳酸盐潮坪
			2020					障壁沙坝	障壁	障壁潟湖

图 5-2 SM7 井本溪组、太原组、山西组综合柱状图

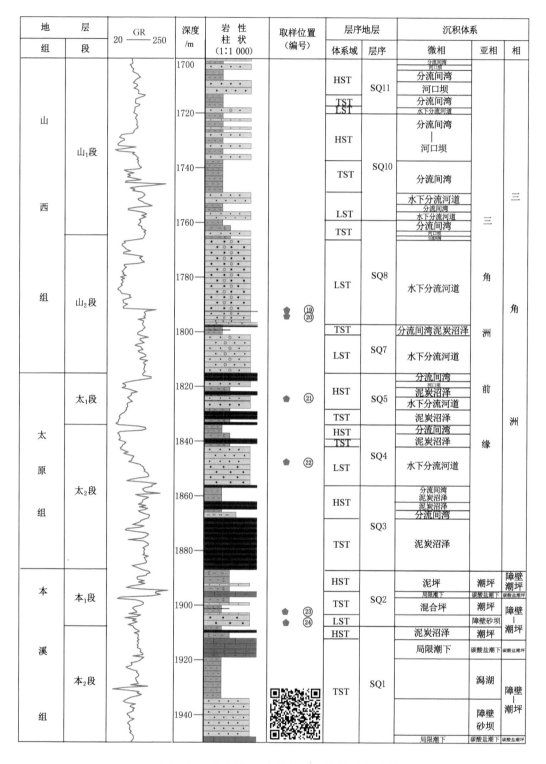

图 5-3　SM9 井本溪组、太原组、山西组综合柱状图

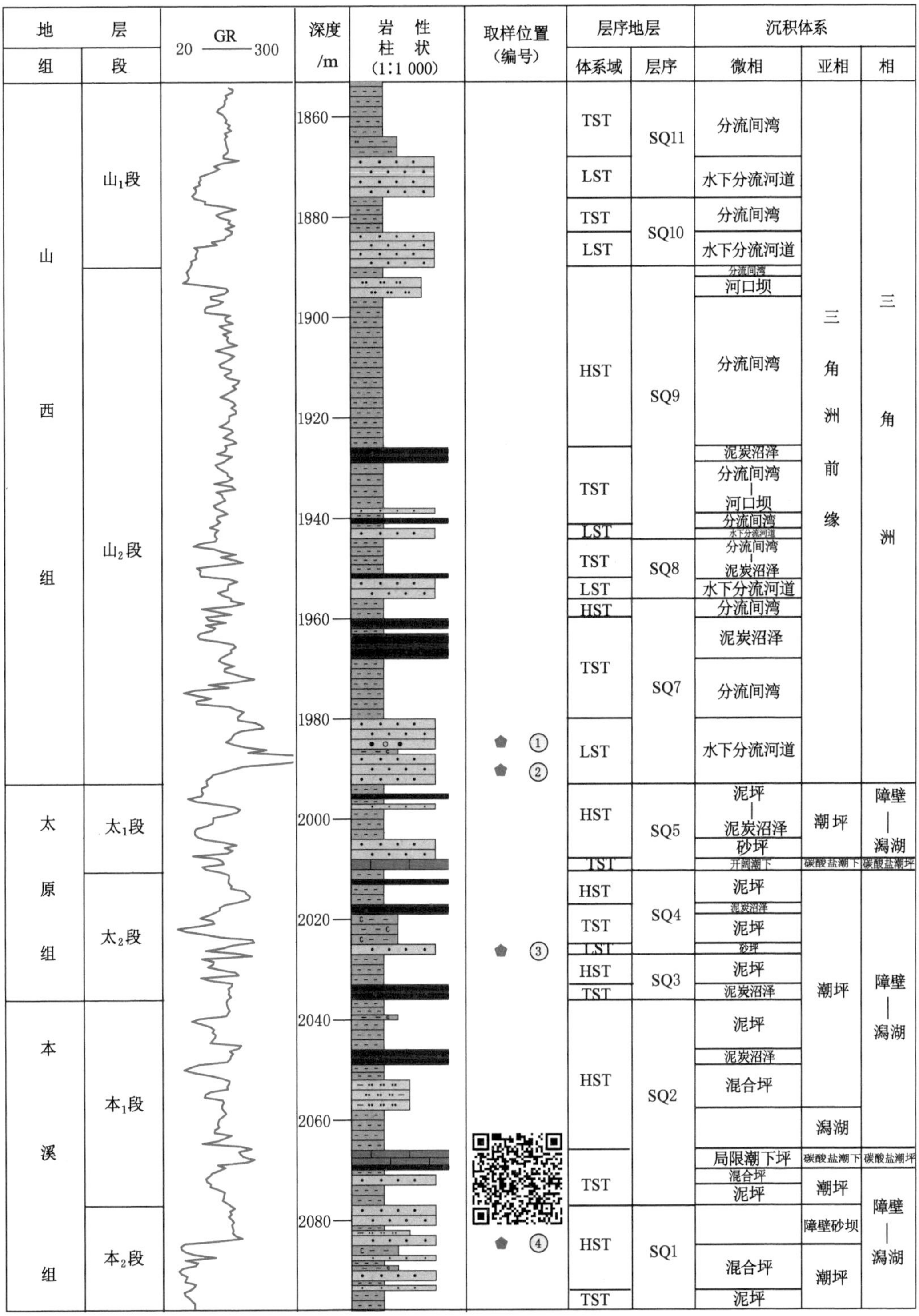

地层		GR 20—300	深度/m	岩性柱状 (1:1 000)	取样位置 (编号)	层序地层		沉积体系		
组	段					体系域	层序	微相	亚相	相
山西组	山1段		1860			TST	SQ11	分流间湾		
						LST		水下分流河道		
			1880			TST	SQ10	分流间湾		
						LST		水下分流河道		
	山2段		1900			HST	SQ9	分流间湾 / 河口坝 / 分流间湾	三角洲前缘	三角洲
			1920			TST		泥炭沼泽 / 分流间湾 / 河口坝 / 分流间湾		
			1940			LST		水下分流河道		
						TST	SQ8	分流间湾 / 泥炭沼泽		
						LST		水下分流河道		
			1960			HST		分流间湾		
			1980			TST	SQ7	泥炭沼泽 / 分流间湾		
					① ②	LST		水下分流河道		
太原组	太1段		2000			HST	SQ5	泥坪 / 泥炭沼泽 / 砂坪	潮坪	障壁—潟湖
						TST		开阔潮下坪 / 碳酸盐潮坪	碳酸盐潮坪	
	太2段		2020		③	HST	SQ4	泥坪 / 泥炭沼泽 / 泥坪		
						TST			潮坪	障壁—潟湖
						LST		砂坪		
						HST	SQ3	泥坪		
						TST		泥炭沼泽		
本溪组	本1段		2040			HST	SQ2	泥坪 / 泥炭沼泽 / 混合坪		
			2060						潟湖	
						TST		局限潮下坪 / 混合坪 / 泥坪	碳酸盐潮下坪 碳酸盐潮坪 / 潮坪	障壁—潟湖
	本2段		2080		④	HST	SQ1	障壁砂坝 / 混合坪	障壁砂坝 / 潮坪	
						TST		泥坪		

图 5-4　LX16井本溪组、太原组、山西组综合柱状图

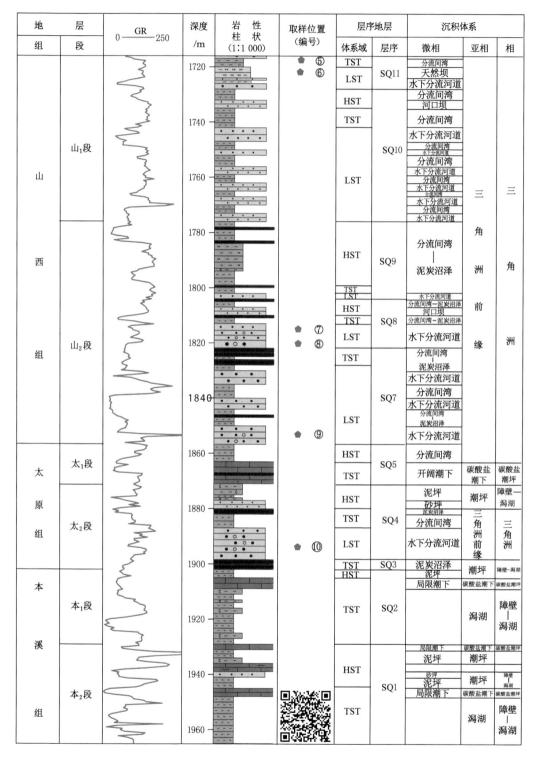

图 5-5　LX17 井本溪组、太原组、山西组综合柱状图

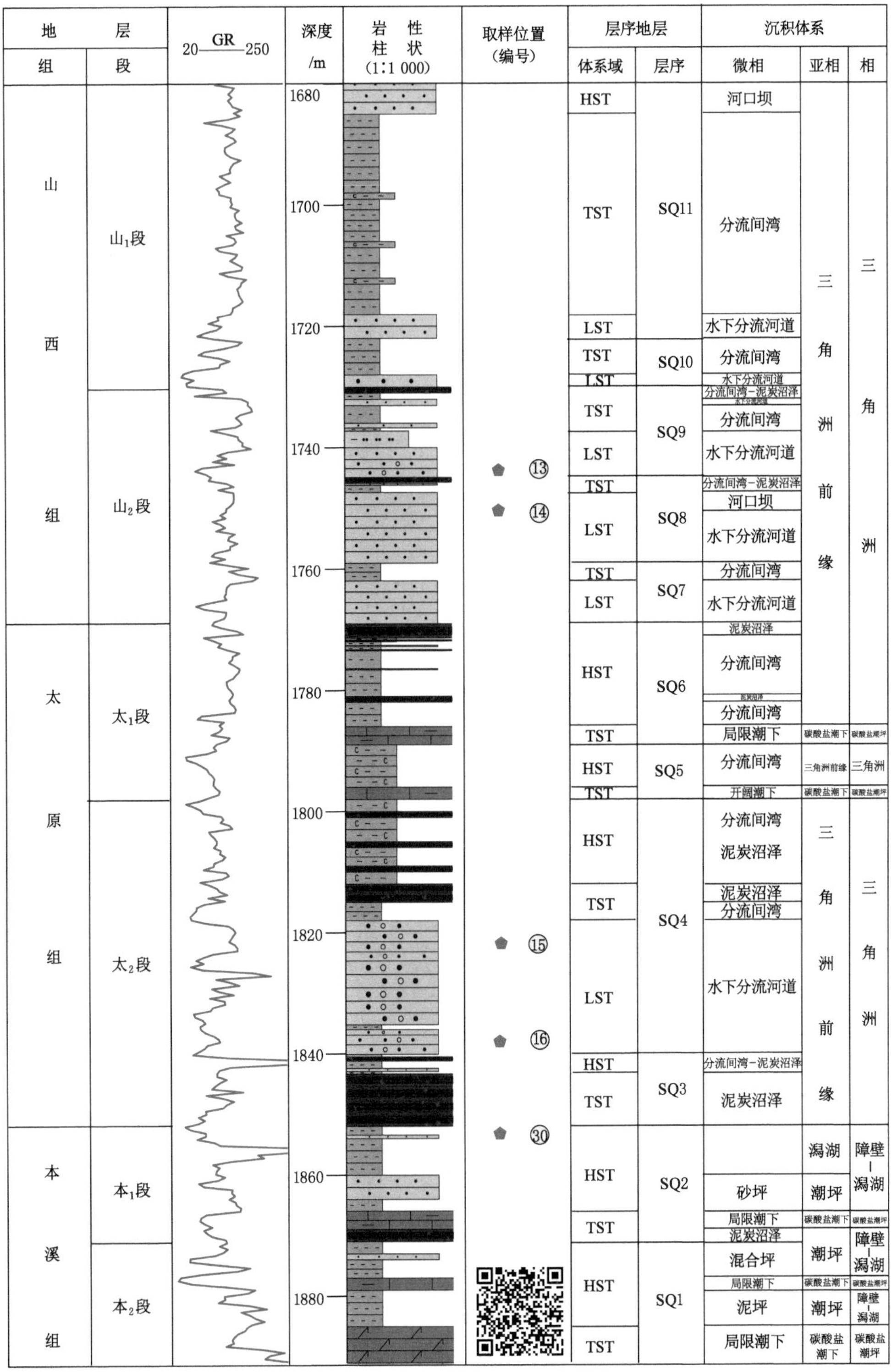

地层		GR 20——250	深度 /m	岩性柱状 (1:1 000)	取样位置 (编号)	层序地层		沉积体系		
组	段					体系域	层序	微相	亚相	相
山西组	山₁段		1680			HST		河口坝		三角洲
			1700			TST	SQ11	分流间湾	三角洲前缘	
			1720			LST		水下分流河道		
						TST	SQ10	分流间湾		
						LST		水下分流河道		
						TST	SQ9	分流间湾-泥炭沼泽 水下分流河道		
	山₂段		1740		⑬	LST		水下分流河道		
					⑭	TST	SQ8	分流间湾-泥炭沼泽 河口坝		
			1760			LST		水下分流河道		
						TST	SQ7	分流间湾		
						LST		水下分流河道		
太原组	太₁段		1780			HST	SQ6	泥炭沼泽 分流间湾 泥炭沼泽 分流间湾		
						TST		局限潮下	碳酸盐潮下	碳酸盐潮坪
			1800			HST	SQ5	分流间湾	三角洲前缘	三角洲
						TST		开阔潮下	碳酸盐潮下	碳酸盐潮坪
						HST	SQ4	分流间湾 泥炭沼泽	三角洲前缘	三角洲
						TST		泥炭沼泽 分流间湾		
原组	太₂段		1820		⑮	LST		水下分流河道		
			1840		⑯	HST		分流间湾-泥炭沼泽		
					㉚	TST	SQ3	泥炭沼泽		
本溪组	本₁段		1860			HST	SQ2	潟湖 砂坪		障壁-潟湖
						TST		局限潮下 泥炭沼泽	碳酸盐潮下	碳酸盐潮坪 障壁-潟湖
						HST	SQ1	混合坪 局限潮下 泥坪	潮坪 碳酸盐潮下 潮坪	障壁-潟湖 碳酸盐潮坪 障壁-潟湖
本₂段			1880			TST		局限潮下	碳酸盐潮下	碳酸盐潮坪

图 5-6　LX36 井本溪组、太原组、山西组综合柱状图

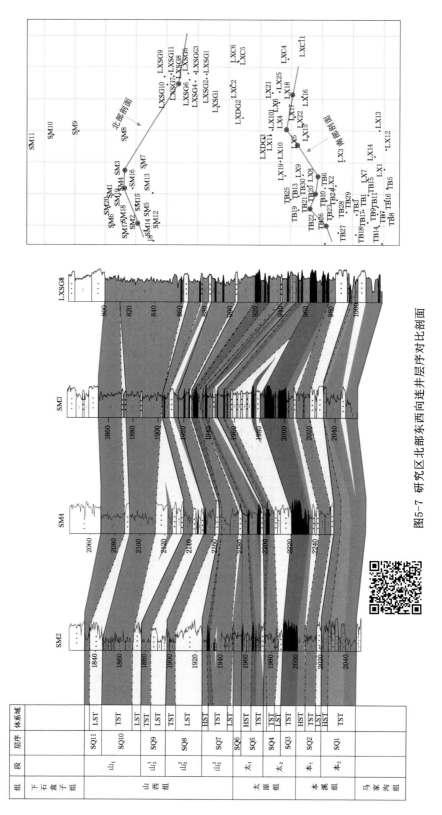

图5-7 研究区北部东西向连井层序对比剖面

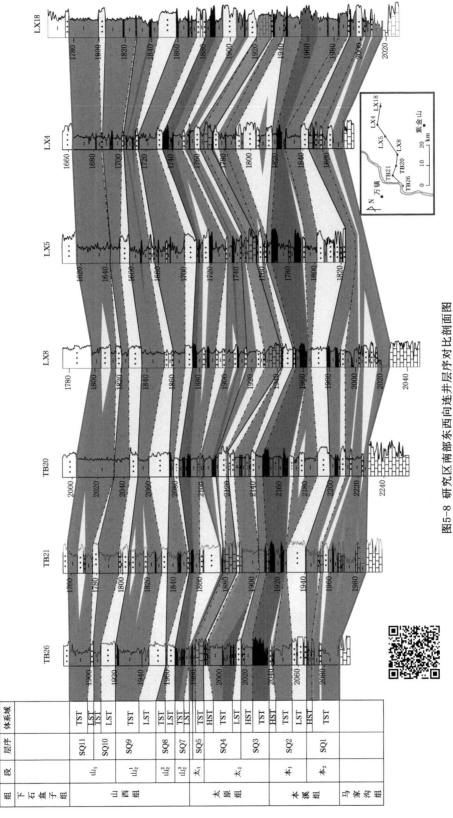

图5-8 研究区南部东西向连井层序对比剖面图

表 5-2　研究区本溪组、太原组、山西组层序地层格架

统	组	段	二级层序	三级层序	四级层序	标志层	层序底界面	体系域	最大海侵面
中二叠统	下石盒子组						骆驼脖子（K4）砂岩底		
下二叠统	山西组	山$_1$	SQⅢ	SQ(Ⅵ)	SQ11		铁磨沟砂岩底	HST	
								TST	泥岩顶面
						铁磨沟砂岩		LST	
					SQ10		船窝砂岩底	HST	
								TST	泥岩顶面
						船窝砂岩		LST	
					SQ9	1$^\#$煤	砂岩底	HST	
		山$_2$		SQ(Ⅴ)				TST	煤或泥岩顶面
								LST	
					SQ8	3$^\#$煤	砂岩底	HST	
								TST	煤或泥岩顶面
								LST	
					SQ7	4＋5$^\#$煤	北岔沟砂岩底	HST	
								TST	4＋5$^\#$煤顶面
						北岔沟砂岩 K$_3$		LST	
	太原组	太$_1$	SQⅡ	SQ(Ⅳ)	SQ6		东大窑灰岩底	HST	
						东大窑灰岩 L$_5$		TST	L$_5$ 灰岩顶面或海相泥岩顶面
					SQ5	6$^\#$煤及七里沟砂岩	斜道灰岩底	HST	
						斜道灰岩 L$_4$		TST	L$_4$ 灰岩顶面
		太$_2$		SQ(Ⅲ)	SQ4	7$^\#$煤及上马兰砂岩	桥头砂岩底	HST	
						毛儿沟灰岩 L$_{2-3}$ 及 8$_上^\#$煤			
								TST	L$_{2-3}$ 灰岩顶面
						桥头砂岩		LST	
					SQ3		8＋9$^\#$煤底	HST	
						庙沟灰岩 L$_1$ 及 8＋9$^\#$煤		TST	8＋9$^\#$煤顶面
上石炭统	本溪组	本$_1$	SQ Ⅰ	SQ(Ⅱ)	SQ2		晋祠砂岩底	HST	
						扒楼沟灰岩 L$_0$		TST	L$_0$ 灰岩顶面
						晋祠砂岩 K$_1$		LST	
		本$_2$		SQ(Ⅰ)	SQ1		铁铝层底	HST	
						畔沟灰岩 L$_b$ 山西式铁矿 G 层铝土矿		TST	L$_b$ 灰岩顶面

SQ3:底界为8+9#煤层底面,顶界为桥头砂岩底面。SQ3包括水进体系域和高位体系域。前者为泥炭沼泽相8+9#煤层,全区稳定发育,煤层顶面为最大海泛面;后者常因桥头砂岩的河道冲刷而缺失,在研究区北部发育分流间湾相泥岩,南部发育分流间湾相泥岩或泥坪相泥岩。

SQ4:底界为桥头砂岩底面,顶界为斜道灰岩底面。SQ4包括低位体系域、水进体系域和高位体系域。低位体系域沉积物为水下分流河道微相桥头砂岩;研究区北部水进体系域由分流间湾相泥岩与泥炭沼泽相煤层组成,向南相变为区域海平面上升背景下的潮坪相泥岩、煤层及碳酸盐潮坪相毛儿沟灰岩,最大海泛面为煤层顶面或灰岩顶面;高位体系域在研究区北部由水下分流河道相上马兰砂岩及分流间湾相泥岩及泥炭沼泽相7#煤层组成,向南相变为潮坪相泥岩与煤层。

SQ5:底界为斜道灰岩底面,顶界为东大窑灰岩底面。SQ5包括水进体系域和高位体系域。前者在研究区南部为碳酸盐潮下坪相斜道灰岩,向北相变为分流间湾相泥岩及泥炭沼泽相煤层,斜道灰岩顶面为整个鄂尔多斯晚古生代最大海泛面;后者在研究区北部为水下分流河道相七里沟砂岩及分流间湾相泥岩及6#薄煤层,向南相变为潮坪相泥岩及薄煤层。

SQ6:底界为东大窑灰岩底面,顶界为北岔沟砂岩底面。SQ6包括水进体系域和高位体系域。前者主要由东大窑灰岩及其相变的海相泥岩组成,最大海泛面为海相泥岩顶面或灰岩顶面;后者(乃至部分井的全部SQ6层序)常因上覆北岔沟砂岩的冲刷而缺失。

SQ7至SQ9层序结构相似,为残余陆表海背景下的浅水三角洲沉积。SQ7的底界为北岔沟砂岩底面,顶界通常为5#煤层顶面。SQ8的底界为5#煤层顶面,顶界为3#煤层顶面。SQ9的底界为3#煤层顶面,顶界为1#煤层顶面。三者均包括低位体系域、水进体系域和高位体系域。低位体系域沉积物均以水下分流河道微相砂岩为主;水进体系域均主要由分流间湾微相泥岩和泥炭沼泽微相煤层构成,煤层顶板或细脖子泥岩顶面为最大海泛面;高位体系域均由分流间湾微相泥岩和河口砂坝相砂岩组成,常因上覆水下分流河道的冲刷而缺失。

SQ10与SQ11层序结构相似,均为明显退积沉积,河流与三角洲沉积界线向北退却,为区域海退海背景下的浅水三角洲沉积。SQ10的底界为船窝砂岩底面,顶界为铁磨沟砂岩底面。SQ11的底界为铁磨沟砂岩底面,顶界为骆驼脖子砂岩底面。二者均包括低位体系域、水进体系域和高位体系域。低位体系域均为水下分流河道微相砂岩;SQ10的水进体系域为分流间湾相泥岩和泥炭沼泽相薄煤层,SQ11的水进体系域为分流间湾相泥岩,二者最大海泛面均为高伽玛值细脖子泥岩顶面;SQ10和SQ11的高水位体系域均由分流间湾相泥岩和河口坝相细至粉砂岩,后者常因上覆骆驼脖子砂岩的冲刷而缺失。

5.3 层序地层单元古地理及其演化

5.3.1 层序地层单元古地理格局

基于钻井、砂岩厚度、含砂率和石灰岩厚度等资料,建立了研究区本溪组、太原组、山西组的沉积相分布图,恢复各时期的古地理景观,并分析了层序地层格架下沉积演化特征。

SQⅠ沉积期研究区呈现以碳酸盐潮坪-潟湖-潮坪为主体的古地理格局(图5-9),北部发育小规模浅水三角洲水下沉积,南部发育小规模障壁砂坝沉积。依据灰岩的分布,碳酸盐潮坪沿扒楼沟—兴县—神木方向展布,反映出在 SQ Ⅰ 沉积期海水主要来自研究区北东方向。潟湖潮坪分布范围广,自南至北的大部分研究区均有分布。

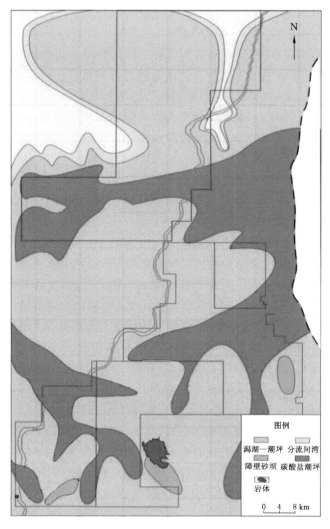

图 5-9　研究区本溪组沉积体系展布图

　　SQ Ⅱ 沉积期研究区呈现为以碳酸盐潮坪-潟湖潮坪-浅水三角洲为主体的古地理格局,南部发育零星障壁砂坝(图 5-10)。比起 SQ Ⅰ 沉积期,SQ Ⅱ 沉积期北部浅水三角洲水下沉积的范围明显扩大,以三角洲前缘沉积为主,水下分流河道发育;碳酸盐潮坪分布范围与方向明显变化,主要呈片状分布在研究区南部地区,向北呈条带状延伸,在临县地区呈南东-北西向延伸,反映出海侵方向的改变,海水在本期来自南方和东南方向;潟湖-潮坪沉积范围明显变小,退缩至研究区中部地区。

　　比起 SQ Ⅰ 沉积期和 SQ Ⅱ 沉积期,SQ Ⅲ 沉积期碳酸盐潮坪、障壁砂坝、潟湖、潮坪均退出研究区,形成以浅水三角洲为主体的岩相古地理格局(图 5-11)。浅水三角洲前缘遍布整个研究区,主要沉积微相为水下分流河道和分流间湾。水下分流河道特别发育,呈近南北向展布。

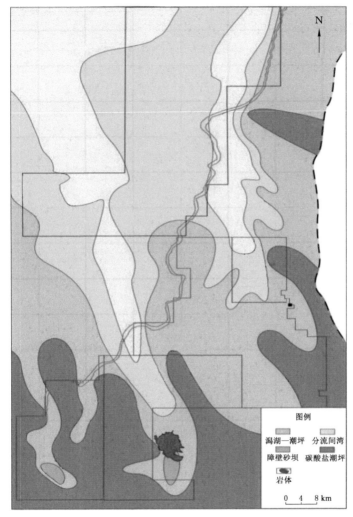

图例

潟湖—潮坪　　分流间湾

障壁砂坝　　碳酸盐潮坪

　岩体

0　4　8 km

图 5-10　研究区太原组沉积体系展布图

5.3.2　层序地层单元沉积环境演化

鄂尔多斯盆地晚古生代海侵具有突发性、速度快、海退缓慢等特点(郭英海等,1999)。SQ1 至 SQ9 期研究区海平面频繁升降,共经历了 2 次大的海平面升降旋回,在大的海平面升降旋回中包含多个次级海平面升降旋回(沈玉林,2009)。鄂尔多斯盆地及其相邻板块的构造运动决定研究区地壳升降及海水进退,进而决定研究区本溪组、太原组及山西组的层序地层及岩性时空组合、沉积环境、古地理景观具有一定的规律性。在已建立的层序地层格架下对研究区沉积环境演化进行如下探讨。

SQ I 沉积期研究区共发生两次海水的升降旋回。SQ1 沉积期(晚石炭世早期)初海平面上升,区域基底南高北低,海水主要来自东及北东方向,形成含有 *Fusulina-Fusulinella* 蜓带的畔沟灰岩,石灰岩沉积由北向南超覆,其顶面代表了初次海侵的最大海泛面。随后海平面下降,来自北方的河流带来碎屑物质,形成分布于研究区东北部的晋祠砂岩,代表河道

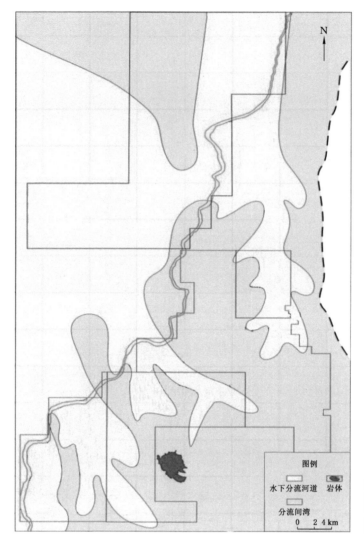

图 5-11　研究区山西组沉积体系展布图

下切沉积。SQ2 沉积期（晚石炭世晚期），海平面二次上升，此次海侵规模小，为 SQ1 海退背景下的次级海侵，形成含有 Tritisites 蟆带扒楼沟灰岩。海水来自东及北东方向，石灰岩由北向南超覆。SQ2 沉积期末海平面大幅度下降，海水撤出研究区，研究区地表暴露风化，形成了 8＋9# 煤层底板的沉积间断。

　　SQ Ⅱ 沉积期研究区共发生四次海平面的升降旋回。SQ Ⅰ 沉积期末（晚石炭世末），研究区基底由南隆北倾转为北隆南倾（尚冠雄，1997）。故 SQ3 沉积期海平面小幅度第三次上升，研究区在残留海背景下形成了区域稳定发育的 8＋9# 主煤层，煤层顶面代表了 SQ3 的最大海侵面。随后海平面下降至较低水平。SQ4 沉积初期，在海退背景下，来自北方的河流在研究区形成自北向南推进的三角洲沉积，形成了南北向展布的桥头砂岩。随后，海平面第四次上升，幅度比 SQ3 沉积期大，区域基底北高南低，海水主要来自南及南东方向，形成自南向北超覆、含有 Pseudoschwgerina-Sphaeroschwagerina 蟆带的毛儿沟灰岩，其顶面代表了本次海侵的最大海泛面。随后在相当长时间内发生缓慢的海退,在此背景下,在北部地区形成了分布局限的上马兰砂岩。SQ5 沉积期海平面第五次上升,此次海平面上升幅度大,为整个晚古生代最大规模海侵,形成自南向北超覆、区域上广泛分布、厚度大、质地纯净,同样含有 *Pseudoschwgerina-Sphaeroschwagerina* 蜓带的斜道灰岩,其顶面代表了最大规模海侵的最大海泛面。向北灰岩相变为海相泥岩或潮坪沉积。随后海平面下降,在海退背景下形成研究区北部七里沟砂岩。SQ6 沉积期海平面第六次上升,形成自南向北超覆、位于研究区东南部的东大窑灰岩,向北相变为海相泥岩或潮坪沉积。随后海平面大幅度下降,海水从此退出研究区甚至整个鄂尔多斯盆地。

SQⅢ沉积期华北晚古生代北部物源区抬升,构造活动显著,研究区虽然仍有沉积基准面的升降旋回,但是已没有直接的海水作用,海水逐渐退出研究区,远方的海侵作用影响很小。研究区形成了以三角洲体系为主的岩相古地理格局。受北部物源区构造演化控制的古地形变化是 SQⅢ层序地层结构的主要影响因素。在 SQ6 期大规模海退背景下,SQ7 沉积期研究区沉积了自北向南推进、全区稳定发育的北岔沟砂岩,代表残余陆表海背景下的曲流河浅水三角洲沉积。随后海平面略有上升,海水未达研究区,研究区仅沉积自南向北超覆的 5# 煤层。随后海平面下降。同样的海平面升降和沉积亦发生在 SQ8 和 SQ9 沉积期,但是海平面上升的规模越来越小,随之沉积的 3#、1# 煤层的发育规模越来越小。煤层顶板均代表最大海泛面。SQ10 和 SQ11 沉积期海侵作用在研究区的影响几乎消失,聚煤作用也因古气候半干旱化而停止。河流-三角洲体系向北退缩,砂岩发育规模变小。

5.4　沉积微相对润湿性的影响

在过去的 70 年中,润湿性的研究虽然受到了相当多的关注,但由于它涉及许多组分的复杂混合物,其性质是由多种微妙相互作用决定的,了解岩石的润湿性仍然是一个具有挑战性的问题。过去学者讨论了砂岩表面性质(表面的化学组成和微观几何结构)、盐水和原油成分对砂岩润湿性的影响作用(Cuiec,1975;Basu et al.,1997;Buckley et al.,1998;Kaminsky et al.,1998;Jiang et al.,2000;Hoeiland et al.,2001;Bonn et al.,2009;Drummond et al.,2002;Jung et al.,2012;Kim et al.,2012;Tokunaga,2012;Koleini et al.,2018)。而从地质角度探讨沉积环境对砂岩润湿性影响的工作没人做过。并且过去研究集中于油藏砂岩润湿性,对气藏砂岩润湿性的研究不足。近年来,随着产量的增加,煤系致密砂岩气受到天然气工业界高度重视(傅宁等,2016;秦勇等,2016)。笔者采集了来自煤系气藏的砂岩样品,讨论了不同层序地层格架下沉积微相对气藏砂岩润湿性的影响,以期对煤系致密气藏砂岩的勘探和开采提供指导。

5.4.1　沉积、成藏过程对润湿性的影响

致密砂岩储层可按其所在岩系是否含煤分为煤系致密砂岩与非煤系致密砂岩。4.1节接触角法和自吸法试验结果均证实煤系致密气藏砂岩均为水湿砂岩,没有油湿砂岩,这与前人认识一致(任晓娟等,2005;赵峰等,2011;付金华等,2013;张瑞,2014;李继山等,2015)。而非煤系油气藏砂岩的润湿性可为多种类型(李绍玉等,1987)。由于地层沉积特征和成藏过程的不同导致这两种地层中致密砂岩润湿性不同。

受控于沉积环境,两种地层中的原始砂岩均为水湿砂岩。一般储层砂岩是在河流、湖泊或海陆过渡相环境中沉积而成的(秦勇等,2016),孔隙空间全部被水占据,加上组成这些沉积岩的绝大多数矿物基本上都是水湿的(表4-7),所以原始砂岩均为水湿砂岩(Morrow,1990)。

非煤系中,烃源岩是形成于深水环境(海洋、深湖)的泥岩页岩,这种沉积环境中菌藻类繁盛,菌藻类遗体演变成泥岩页岩中的Ⅰ型Ⅱ型干酪根,它们受热分解成油和气,运移至致密砂岩储层形成油气藏。随着油气在砂岩孔隙中聚集,油组分的极性端吸附在岩石表面,其非极性的烃端暴露在外面(图5-12),这使岩石表面变成油湿(Donaldson,1981;Anderson,1986;Buckley,1998)。由于油分子在岩石表面的吸附程度不同,油气藏砂岩的润湿性可变为油湿、中性润湿、水湿、非均质润湿性等多种类型。

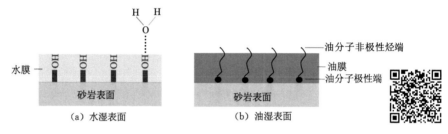

图 5-12　油层改变砂岩润湿性

在煤系中,整个煤系的沉积环境整体远离深水环境,砂岩气藏的烃源岩为煤及碎屑岩中有机物,由高等植物遗体演变而成,主要为Ⅲ型干酪根,Ⅲ型干酪根生油能力差,受热分解主要生成气体,这些气体经过运移进入致密砂岩储层,形成煤系致密砂岩气藏(戴金星等,2014)。故煤系致密砂岩均为气藏,基本没有油藏。同时,随着气体在砂岩孔隙中聚集,部分水被排出孔隙,部分水被毛细管力保留在较细小的孔隙空间中,并在孔隙表面形成薄膜(Morrow,1990)。由于砂岩中里没有进油,所以砂岩一直保持水湿特征。这就是煤系致密气藏砂岩均为水湿砂岩的原因。

总之,煤系自身的沉积、成藏特征决定煤系致密砂岩均为气藏砂岩,且均为水湿砂岩。至于砂岩之间水湿程度不同则受控于其沉积时具体的沉积微相,这将在后续章节中讨论。

5.4.2　沉积微相对致密砂岩润湿性的控制

根据5.1节所采致密砂岩样品,并依据其采样位置及岩性可判断样品的沉积微相(图5-1至图5-6)。对比砂岩样品所反映的沉积微相及润湿性,所得结果如表5-3所示。

从表5-3中可以看出沉积微相对砂岩润湿性有较强的控制作用。水下分流河道上下部、砂坪、障壁砂坝沉积微相砂岩的润湿性均为亲水、强亲水,水下分流河道顶部、水下天然堤、混合坪、河口坝、分流间湾等沉积微相中沉积的砂岩均为弱亲水。这是因为不同的沉积环境其水动力条件不同,形成的沉积物的矿物成分及岩石结构不同,而砂岩的矿物组成和结构对砂岩的润湿性有直接的影响,进而导致沉积微相可间接控制砂岩的润湿性。同时在不同的沉积微相组合下形成不同的垂向岩性组合,进而控制成岩作用,不同的成岩作用可改造处于垂向上不同位置的砂岩层,改变其原始润湿性。

表 5-3 致密砂岩样品所反映的沉积微相与润湿性

编号	润湿性	润湿性指数	沉积微相	编号	润湿性	润湿性指数	沉积微相
1	亲水	0.63	水下分流河道上部	16	强亲水	0.75	水下分流河道下部
2	弱亲水	0.27	水下分流河道底部	17	弱亲水	0.28	水下分流河道顶部
3	亲水	0.69	砂坪	18	亲水	0.31	水下分流河道下部
4	强亲水	0.72	障壁砂坝	19	强亲水	0.71	水下分流河道下部
5	强亲水	0.71	水下分流河道下部	20	强亲水	0.72	水下分流河道下部
6	亲水	0.60	水下天然堤	21	弱亲水	0.27	水下分流河道顶部
7	强亲水	0.72	水下分流河道上部	22	强亲水	0.71	水下分流河道上部
8	弱亲水	0.25	水下分流河道底部	23	弱亲水	0.27	混合坪
9	亲水	0.63	水下分流河道下部	24	强亲水	0.79	障壁砂坝
10	强亲水	0.75	水下分流河道下部	25	强亲水	0.73	水下分流河道上部
11	弱亲水	0.30	分流间湾	26	强亲水	0.72	水下分流河道下部
12	亲水	0.69	砂坪	27	弱亲水	0.27	分流间湾
13	亲水	0.69	水下分流河道下部	28	弱亲水	0.21	水下分流河道底部
14	弱亲水	0.24	河口坝	29	弱亲水	0.25	混合坪
15	弱亲水	0.29	水下分流河道顶部				

矿物成分和岩石的结构对润湿性的影响如 4.2.2 小节中所述。由于石英破裂表面产生残余键 Si—或 O—的极性大,均可与水分子相互作用,产生硅烷醇基(Si—OH),硅烷醇基(Si—OH)可再与水分子形成氢键,故石英亲水性强(Papirer,2000;Arsalan et al.,2013)。由此,砂岩中石英含量越高,砂岩亲水性越强。岩石结构上,石英和黏土碳酸盐在砂岩中形态与分布不同,石英作为骨架颗粒,黏土和碳酸盐作为填隙物,若砂岩中骨架颗粒石英越少,填隙物黏土和碳酸盐含量越高,则砂岩孔隙度和渗透率越低,孔喉连通性越差,自吸试验中砂岩吸水的通道越易被堵塞,砂岩中可吸入水的空间越小,从而使得砂岩水湿指数降低,砂岩亲水性变差。反之,石英含量越高,填隙物含量越低,砂岩的孔隙度和渗透率越高,孔喉连通性越好,砂岩吸水能力越强,亲水性越强。

沉积微相对润湿性的控制作用具体如下:

在水下分流河道主体部位(上下部)、障壁砂坝、砂坪等沉积环境中,水流速度大,水体动荡,水动力强,泥质物质被强水流带走,故沉积物的粒度粗、分选中至好,磨圆多为次棱角至次圆状、泥质杂基含量少、黏土含量低、孔隙度和渗透率高。特别是障壁砂坝,在水流的反复冲洗筛选下,力学强度弱的塑性颗粒及泥质物质均被淘汰,砂岩纯净[图 5-13(a)],石英含量非常高,中粗粒,分选磨圆好,形成成分成熟度与结构成熟度均相对较高的砂岩[图 5-13(a)(b)]。在这种砂岩中,高孔渗和高石英含量保证水被源源不断吸入砂岩,砂岩润湿性均为亲水至强亲水。在强水动力环境下沉积的砂岩亲水性强。

在水下分流河道顶部,水动力比水下分流河道中部弱,导致砂岩沉积粒度变小,泥质杂基含量升高。在分流间湾、水下天然堤、河口坝、混合坪等沉积环境中,水动力弱,砂质物质供应不足,砂体不发育,往往为薄层或透镜体中-细粒岩屑砂岩。弱水动力条件导致砂岩中泥质杂基与塑性岩屑含量较高,石英含量低,碎屑颗粒分选较差,磨圆呈次棱角状,游离-点状接触,基底式或孔隙-基底式胶结[图 5-13(c)]。同时因为这些沉积环境中水体不够动荡,水体中氧含量较低,多为弱还原-还原环境,从而使得砂岩中菱铁矿或黄铁矿含量较高。最终,砂岩的结构成熟度与成分成熟度较低。在成岩作用阶段,薄层或透镜体砂岩受来自周围泥岩中离子的影响,易形成强烈铁白云石碳酸盐胶结方式。

水下分流河道底部往往因冲刷下部泥岩而含有较多的泥质物质。同时因为水下分流河道砂岩常与分流间湾泥岩形成互层,在成岩作用阶段孔隙水带来大量溶解自泥岩的离子,在与泥岩接触处的砂岩层顶底部形成大量铁白云石等碳酸盐胶结物[图 5-13(d)]。同样,其他沉积环境形成的砂岩层,其靠近泥岩顶底部均出现这种情况。这也是成岩作用对砂岩岩性的影响,可以看出该类型的成岩作用受控于沉积微相的分布。

(a) 24号, 中粒石英砂岩, 障壁砂坝, 强亲水, 100×-

(b) 9号, 含泥粗粒岩屑石英砂岩, 孔隙发育,
水下分流河道下部, 亲水, 12.5×-

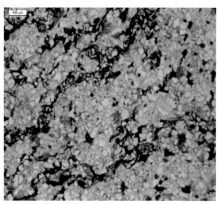

(c) 29号, 泥质细粒岩屑砂岩, 混合坪, 弱亲水, 25×-

(d) 17号, 白云质中-粗粒岩屑石英砂岩, 大量铁白云石堵塞
孔隙(蓝色), 水下分流河道顶部, 弱亲水, 50×-

图 5-13　不同沉积微相砂岩的显微照片

综合上述两种情况,在水下分流河道顶底部和水动力弱的沉积环境中沉积的砂岩,其泥质物质与碳酸盐胶结物大幅度堵塞孔隙和喉道,使得砂岩孔隙度和渗透率大幅度下降,水进入砂岩的通道也被阻断,砂岩自吸水速度慢且量少,自吸水能力大幅度下降,水湿指数大幅度降低。同时在自吸试验中,黏土矿物可吸附部分原油分子,提高油湿指数,最终砂岩表现为弱亲水。

必须指出,水下分流河道底部砂岩润湿性比较特殊。下伏泥岩可为该砂岩层提供大量离子导致该部位砂岩致密胶结,在这种成岩作用及强冲刷导致的砂岩本身高泥质含量的双重影响下,本来强水动力条件下沉积的水下分流河道底部粗砂岩、含砾粗砂岩往往变为弱亲水砂岩,使粒度越大、石英含量越高则砂岩越亲水的规律发生改变。

由上述内容可看出,成岩作用对致密砂岩润湿性的影响没有沉积微相大,这是因为致密砂岩中成岩作用类型单一,主要是早期压实作用及中晚期碳酸盐胶结物胶结作用,它们影响孔隙结构,进而影响致密砂岩润湿性。

沉积微相及成岩作用对砂岩润湿性的主要起间接控制作用。沉积微相直接控制着砂岩的沉积物组成和原始结构,间接控制其后期成岩作用,进而控制砂岩的润湿性。受沉积微相和成岩作用的影响,在煤系中,厚层砂岩顶底部弱亲水,中部亲水、强亲水,而薄层细砂岩(顶底层为泥岩)往往弱亲水。在垂向上,沉积微相对砂岩润湿性的控制如图 5-14 所示,图中红色短线指示实测样品的润湿性,绿色曲线为润湿性预测曲线。厚层河道与水下分流河道砂体的润湿性预测曲线在垂向上的分布类似河流沉积的二元结构,并且底部突变,上部渐变。

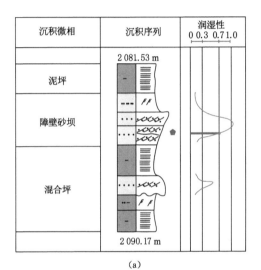

(a)

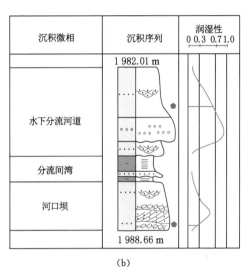

(b)

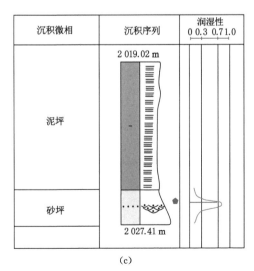

(c)

图 5-14　沉积微相对润湿性的控制

5.4.3 层序地层格架下致密砂岩润湿性的分布

按照 5.2 节及 5.4.2 小节内容,可建立研究区本溪组、太原组和山西组层序地层格架下致密砂岩润湿性的垂向分布图(图 5-15)。LST 中致密砂岩多为亲水、强亲水,TST 和 HST 中的致密砂岩多为弱亲水。

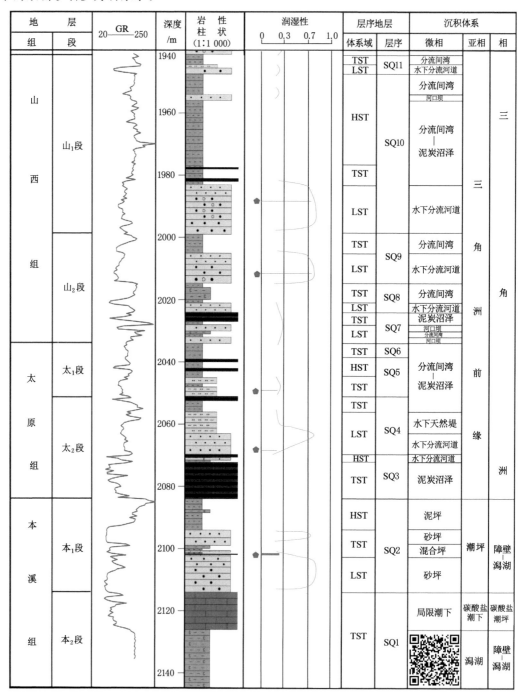

图 5-15　层序地层格架下的致密砂岩润湿性垂向分布

强亲水、亲水砂岩集中分布在 SQ2 的砂坪、障壁砂坝、SQ4、SQ7、SQ8、SQ10 的水下分流河道主体段(图 5-16)。特别是 SQ2、SQ4、SQ8、SQ10 中的强亲水、亲水砂岩发育厚度大、连续性好。SQ4 亲水、强亲水砂岩在南北部均发育,SQ2、SQ7、SQ8、SQ10 亲水、强亲水砂岩在北部神木地区发育较好,南部临兴地区发育差。

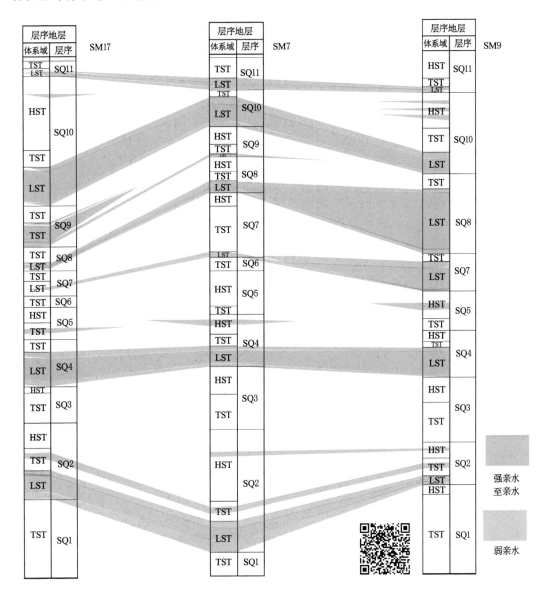

图 5-16　层序地层格架下的致密砂岩润湿性连井分布

弱亲水砂岩主要分布在各四级旋回的 LST 水下分流河道顶底部以及 TST 和 HST 的薄砂体中。这些薄砂体多为细砂岩、粉砂岩,顶底层多为泥岩或煤层。

研究区 SQⅠ至 SQⅢ期致密砂岩强亲水、亲水砂岩平面分布与与水下分流河道和障壁砂坝的分布基本一致。

5.5 小　　结

本章主要取得以下认识：

① 在本研究区本溪组、太原组、山西组中识别出了 3 种沉积相、6 种亚相和 14 种微相类型。

② 煤系致密砂岩储层特有的沉积特征为：a. 砂岩单层厚度不大，累计厚度大；b. 垂向上煤层、泥页岩层、砂岩层往往多次重复交替出现，即垂向上岩性分布具有旋回性；c. 共生的煤、煤层气、页岩气、致密砂岩气等多种矿产资源具有共采潜力；d. 其烃源岩种类多、有机质含量高，以Ⅲ型干酪根为主，构造热演化显著；e. Ⅲ型干酪根受热生成大量烃类气体，经短距离运移就近储集于砂岩，形成含气量大、不含油的煤系致密砂岩气藏。

③ 识别了研究区本溪组、太原组及山西组的二级、三级及四级层序界面，建立起层序地层格架，划分出 3 个二级层序、6 个三级层序及 11 个四级层序 SQ1 至 SQ11，每个四级层序包含 2～3 个体系域。总结了四级层序的沉积特征及沉积演化特征。

④ 建立了层序地层格架下研究区本溪组、太原组、山西组的沉积相、古地理和沉积演化特征。SQⅠ期研究区古地理以碳酸盐潮坪-潟湖-潮坪为主体，潟湖潮坪南北向分布范围广，浅水三角洲水下沉积仅在北部小规模发育，海水主要来自研究区北东方向。SQⅡ期研究区古地理以碳酸盐潮坪-潟湖潮坪-浅水三角洲为主体，北部浅水三角洲水下沉积的范围明显扩大，海侵方向的改变，海水在本期变为来自南方和东南方向。SQⅢ期研究区古地理以浅水三角洲前缘为主体，水下分流河道特别发育，碳酸盐潮坪、障壁砂坝、潟湖、潮坪均退出研究区。

⑤ 煤系致密砂岩特有的沉积、成藏过程对其润湿性具有一定的影响。因原始砂岩沉积环境均与水相关，所以原始砂岩的孔隙中充满水，均显示水湿特征。煤系烃源岩中有机质以Ⅲ型干酪根为主，分解后主要生成气体并经运移进入致密砂岩储层，孔隙水被部分保留在微小孔隙中或以水膜形式残留于孔隙中，砂岩继续保持水湿特性。因此，煤系致密砂岩均为水湿砂岩。

⑥ 沉积微相对砂岩润湿性有较强的控制作用。各沉积微相的水动力条件不同，形成具有不同矿物组成和结构的砂岩，还可间接控制砂岩的成岩作用，从而控制砂岩的润湿性。水下分流河道上下部、砂坪、障壁砂坝等沉积微相水动力强，砂岩的润湿性均为亲水、强亲水；水下分流河道顶部、水下天然堤、混合坪、河口坝、分流间湾等沉积微相水动力弱，砂岩均为弱亲水；水下分流河道底部却因水动力过强，冲刷起下伏泥岩，这使砂岩中含有大量泥质杂基，从而导致砂岩呈弱亲水。据此建立了煤系不同沉积微相下砂岩润湿性预测曲线模式。

⑦ 层序地层格架下，致密砂岩的润湿性分布具有一定的规律，强亲水、亲水砂岩主要分布在 SQ2 的砂坪、障壁砂坝以及 SQ4、SQ7、SQ8、SQ10 的水下分流河道主体段。从体系域角度来说，LST 中致密砂岩多为亲水、强亲水，TST 和 HST 中的致密砂岩多为弱亲水。

6 致密砂岩润湿性预测

致密砂岩微观孔隙结构异于常规储层,导致其中的流体赋存、渗流特征具有特殊性。孔隙直径微小、孔隙比表面积较大,导致致密砂岩中可动流体的含量较低,束缚流体的含量较高。通过核磁共振测试可得到常规孔渗等物性参数,结合离心技术还可得到束缚水饱和度等储层评价关键参数,可为储层评价、产量预测及开发方案的制定提供依据。气水两相流体在气藏砂岩中渗流时两相的相对渗透率随着两相流体饱和度的变化而变化,通过气水两相相渗试验可分析该变化规律及气水在砂岩中的分布特点。通过分析不同润湿性条件下砂岩的可动流体饱和度、气水相对渗透率变化规律、气水分布特征,即可得到砂岩润湿性对流体赋存、渗流的影响。

6.1 润湿性与砂岩物性的关系

由 4.4 节可知,本次研究中砂岩的润湿性与物性有较好的相关性,砂岩的孔隙度、渗透率越高,则砂岩的亲水性越强(图 4-15 和图 4-16)。表 6-1 列出了根据三种不同润湿性(强、中、弱亲水)的砂岩样品岩性物性参数的平均值。由表 6-1 可以看出,砂岩碎屑粒度越大、石英含量越高、填隙物(包括黄铁矿、碳酸盐、黏土矿物)含量越低、孔隙度和渗透率越高,则砂岩的亲水性越好,砂岩的退汞效率越高。平均润湿性指数与粒径、石英含量、填隙物含量、孔隙度、渗透率和退汞效率平均值的关系如图 6-1 所示。这些参数之间具有很好的相关性,均受控于沉积微相。

表 6-1 不同润湿性砂岩的岩性物性参数的平均值

润湿性	石英含量/%	黄铁矿含量/%	碳酸盐含量/%	黏土矿物含量/%	填隙物含量/%	碎屑粒度/mm	孔隙度/%	渗透率/($\times 10^{-3} \mu m^2$)	退汞效率/%	润湿性指数
强亲水	72.36	0.91	4.27	16.90	22.40	0.66	6.09	0.05	42.02	0.73
亲水	72.17	1.17	3.79	16.62	21.58	0.60	5.85	0.03	37.95	0.61
弱亲水	58.17	3.08	8.51	24.67	36.26	0.43	4.12	0.02	30.05	0.27

对比致密砂岩的压汞参数(表 3-4)和砂岩润湿性(表 4-2)可以看出,润湿性是影响退汞效率的一个重要因素。对比储层砂岩孔隙结构分类(表 3-5 和表 3-6)和砂岩润湿性(表 4-2)发现,Ⅰa 类、Ⅱa1 类、Ⅱa2 类储层砂岩均为弱亲水砂岩,Ⅰb 类、Ⅱb1 类、Ⅱb2 类、Ⅱb3 类储层砂岩均为亲水-强亲水砂岩,弱亲水砂岩的退汞效率均小于或等于 30%,亲水-强亲水砂岩的退汞效率均大于 30%(个别如 14 号样品除外)。由图 6-2 可以看出砂岩亲水性越强(即亲水指数越大),退汞效率越高。

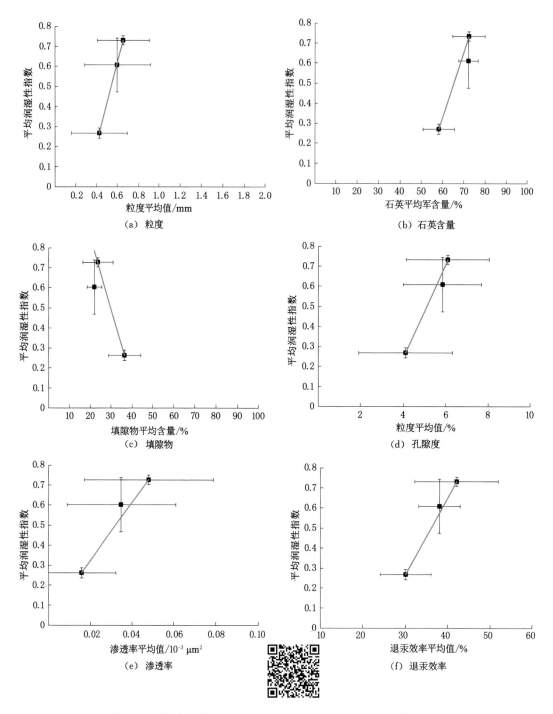

图 6-1　不同润湿性砂岩的平均润湿性指数与各参数平均值的关系

　　因为汞在亲水砂岩中为非润湿相,所以亲水性越强的砂岩孔隙表面与汞的相互作用越弱,进而对汞的排出效果越好,退汞效率越高。因为退汞效率反映了非润湿相毛细管效应下的采收率(纪友亮,2016),退汞效率高的砂岩其气体采收率高,所以强亲水、亲水砂岩气体采

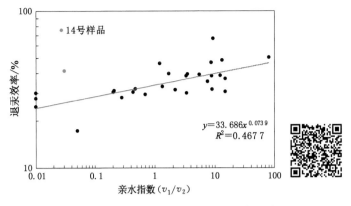

图 6-2　亲水指数(v_1/v_2)与退汞效率的关系

收率比弱亲水砂岩气体采收率高。由各砂岩的气测结果对应各砂岩润湿性可知,强亲水、亲水砂岩因为孔隙度较高多为气层-差气层,多形成于水下分流河道主体部位(上下部)、障壁砂坝、砂坪等水动力强的沉积微相中。而弱亲水砂岩因为孔隙度低多为干层-差气层,多形成于水下分流河道顶部、分流间湾、水下天然堤、河口坝、混合坪等水动力条件弱的沉积微相,及水下分流河道底部这种虽然形成于强水动力沉积微相但因冲刷而致泥质杂基含量过高的砂岩中。由此可证明强亲水、亲水砂岩含气量确实比弱亲水砂岩含气量大,气体采收率高。可见润湿性能很好地评价气藏砂岩的物性和储集性能。

6.2　润湿性对流体赋存、渗流的影响

6.2.1　砂岩样品核磁共振 T_2 谱分析

核磁共振指原子核与磁场之间的相互作用。当含油或含水岩石样品处于静磁场中时,流体中氢核会被磁场极化,对其施加一定频率的射频场则产生核磁共振,撤掉射频场后即可接收到一个幅度随时间呈指数衰减的信号。该衰减可以用纵向弛豫时间 T_1 和横向弛豫时间 T_2 来描述。在油气地质上一般采用后者。通常岩石中包括大小不等的孔隙,因此,实际上测试得到的回波信号是多种横向弛豫分量的叠加结果,可表示如下(孙军昌等,2012):

$$S(t) = \sum_i M_i \exp(-t/T_{2i}) \tag{6-1}$$

式中　$S(t)$——t 时刻测试得到的回波信号;

M_i——弛豫时间为 T_{2i} 时孔隙流体核磁弛豫信号所占的比例。

根据式(6-1),利用数学反演计算可得到不同 T_2 弛豫时间流体所占的比例,从而得到核磁共振T_2谱。氢核的横向弛豫特征可表示为:

$$1/T_2 \approx \rho_2 * S/V = F_s * \rho_2/r \tag{6-2}$$

式中　T_2——横向弛豫时间,ms;

ρ_2——横向表面弛豫系数,nm/ms;

S——孔隙表面积,nm²;

V——孔隙体积，nm^3；

F_s——孔隙形状因子(对球形孔隙 $F_s=3$，对柱状孔隙 $F_s=2$)；

r——孔隙半径，nm。

通过分析式(6-2)可知，T_2 值越大，对应的孔隙半径越大，某一驰豫时间下核磁共振信号强度可反映该驰豫时间对应孔隙的含量。T_2 谱实际反映了岩石内孔隙半径分布情况和样品的孔隙结构特征(王为民等，2001；李爱芬等，2015)。

Brown 等(1956)发现，在多孔介质中，水的弛豫时间远远小于其自由状态的弛豫时间(约 3 000 ms)，而水的弛豫时间主要反映水与孔隙表面间的相互作用力，该作用力越强则弛豫时间越短。根据砂岩中流体的弛豫时间界限(即可动流体 T_2 截止值)将孔隙流体分为可动流体与束缚流体(王为民等，2001；张颀悦等，2014)。束缚流体受到孔隙表面的作用力强而常处于微小孔隙内或较大孔隙内，但流体需与孔隙表面紧密接触。可动流体受到孔隙表面的作用力弱，常处于较大孔隙内且未与孔隙表面紧密接触。

从 29 块致密砂岩岩心上钻取直径约 25 mm、长约 50 mm 的标准岩心柱塞，然后依据《岩样核磁共振参数实验室测量规范》(SY/T 6490—2014)，使用 MesoMR23-040H-1 岩样核磁共振分析仪对栓塞样品进行核磁共振测试。岩心柱塞洗油后烘干称重，测量气体渗透率，抽真空后饱和模拟地层水(总矿化度 30 000 mg/L)，利用干重和湿重计算孔隙度，再进行核磁共振测量，得到 T_2 谱。随后对岩心进行高速离心(12 000 r/min，350 Psi)，对离心后的岩心进行核磁共振测量，得到 T_2 谱。两次核磁共振测试参数均为回波间隔(TE)0.1 ms，等待时间(RD)3 000 ms，回波个数(NECH)15 000 个，扫描次数(NS)64 次。

研究区致密砂岩样品束缚水饱和度整体偏高，范围为 35.70%～90.90%，平均值为 70.07%，可动水饱和度整体偏低，范围为 9.10%～64.30%，平均值为 29.93%，T_2 截止值范围为 0.80～47.70 ms，平均值为 8.82 ms。

下面利用压汞孔喉分布图辅助分析核磁共振 T_2 谱图，根据曲线形态将 T_2 谱图分为以下两大类，根据束缚水和可动水含量将 T_2 谱图进一步分为六小类。其中，按曲线形态分为单峰式和双峰式，事实上存在三峰式，但是第三峰位于最右侧，且远小于左边两峰，故将这种三峰式作为特殊类型归入双峰式。因为核磁共振 T_2 谱反映砂岩的孔隙结构，所以单峰式、双峰式、三峰式 T_2 谱图分别对应砂岩中孔隙分布的单峰式、双峰式和三峰式。在本试验中，可动流体相当于含饱和水的岩样在 350 Psi(约 2.41 MPa)的离心力下离心出的那部分水，在核磁共振 T_2 谱中为饱和分量和离心后分量两条曲线之间的部分。束缚流体则是离心之后仍存在于砂岩中的那部分水，为核磁共振 T_2 谱中离心后分量曲线以下的部分。

(1)单峰型

第 1 类：单峰(图 6-3)，孔隙度大于 5%(氦孔隙度)。T_2 值主要范围为 1.0～100.0 ms，峰值为 T_2 值 20 ms 左右，对应的孔喉半径主要范围为 0.063～0.63 μm。国际上空间尺度划分为 2 种：纳米级 0.000 1～0.1 μm，亚微米级 0.1～1 μm(任晓霞等，2015)。所以本砂岩样品以纳米-亚微米级孔隙为主，孔隙中多数流体为可动流体，T_2 截止值为 11.1 ms。束缚水饱和度最低，为 35.7%。可动流体含量为 64.3%。相对润湿性指数为 0.31，为近似弱亲水的砂岩。该类型有 18 号样品，在孔隙结构分类中属于物性最优的 II b3 类储层。

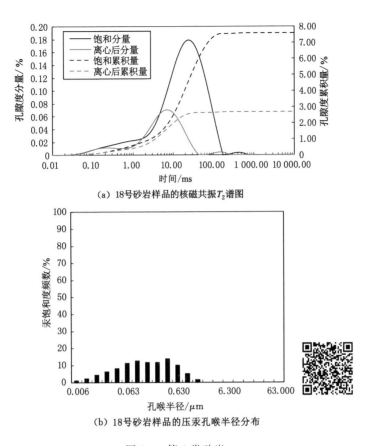

（a）18号砂岩样品的核磁共振T_2谱图

（b）18号砂岩样品的压汞孔喉半径分布

图 6-3　第 1 类砂岩

第 2 类：单峰（图 6-4），孔隙度为 4％～8％。T_2 值主要范围为 0.1～10.0 ms，峰值 T_2 值 1 ms 左右，对应地孔喉半径主要范围为 0.006～0.63 μm，以纳米级-亚微米级孔隙为主，孔隙中多数流体为束缚流体，T_2 截止值为 1.6～9.6 ms。束缚水饱和度为 56.9％～73.3％。可动流体平均含量为 35.1％。均为亲水-强亲水砂岩。该类型有 10、4、16、12 号样品。多数样品在孔隙结构分类中属于物性较好至最优的 Ⅱb2 类和 Ⅱb3 类储层，少量样品属于物性一般的 Ⅱb1 类储层。

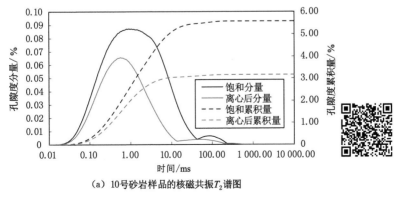

（a）10号砂岩样品的核磁共振T_2谱图

图 6-4　第 2 类砂岩

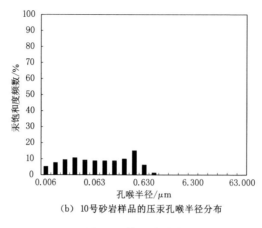

（b）10号砂岩样品的压汞孔喉半径分布

图 6-4　第 2 类砂岩

（2）双峰型

第 3 类：双峰（图 6-5），右峰明显大于左峰，且孔隙度为 5% 左右。左峰 T_2 值主要范围为 0.1～1.0 ms，对应的孔喉半径主要范围为 0.006～0.063 μm，以纳米级孔隙为主。右峰 T_2 值主要范围为 1.0～100.0 ms，对应的孔喉半径主要范围为 0.063～0.63 μm，以亚微米级孔隙为主。砂岩孔隙整体以亚微米级为主。孔隙中束缚流体与可动流体近似各一半，T_2 截止值为 4.5～27.4 ms，束缚水饱和度相对较低，为 49.0%～66.2%。可动流体平均含量为 45.5%。该类砂岩样品均为亲水-强亲水砂岩。该类型包括 9、7、26、24 号样品。多数样品在孔隙结构分类中属于物性最优的 Ⅱb3 类储层，少数样品属于物性较好的 Ⅱb2 类储层。

第 4 类：双峰（图 6-6），左峰大于右峰，孔隙度 5% 左右，或孔隙度低但裂隙发育导致渗透率突然增大。左峰 T_2 值主要范围 0.1～1.0 ms，对应的孔喉半径主要范围为 0.006～0.063 μm，纳米级孔隙为主；右峰 T_2 值主要范围 10.0～1 000.0 ms，对应的孔喉半径主要范围为 0.63～63.0 μm，以亚微米-微米级孔隙为主。孔隙中束缚流体略占优势，T_2 截止值为 1.8～6.8 ms。束缚水饱和度为 58.6%～65.3%。可动流体平均含量为 38.7%。均为弱亲水砂岩。该类型包括 8、2、15、23 号样品。在孔隙结构分类中属于物性一般至最好的 Ⅱa2 类和 Ⅱb3 类储层。

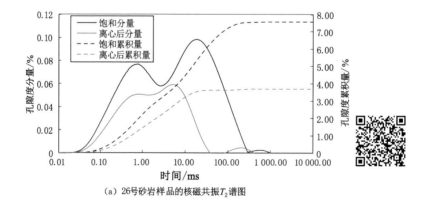

（a）26号砂岩样品的核磁共振 T_2 谱图

图 6-5　第 3 类砂岩

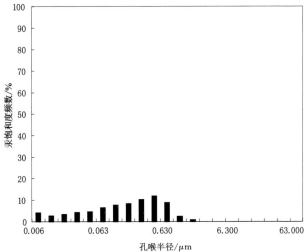

（b）26号砂岩样品的压汞孔喉半径分布

图 6-5（续）

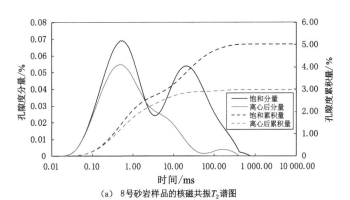

（a）8号砂岩样品的核磁共振T_2谱图

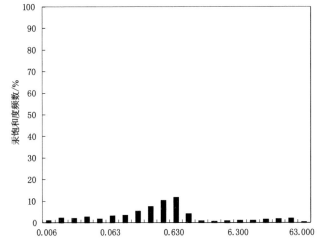

（b）8号砂岩样品的压汞孔喉半径分布

图 6-6 第 4 类砂岩

第 5 类：双峰（图 6-7），左峰大于右峰，孔隙度为 4%～8%，或孔隙度低但裂隙发育导致渗透率突然增大。左峰 T_2 值主要范围 0.1～1.0 ms，对应的孔喉半径主要范围为 0.006～0.063 μm，以纳米级孔隙为主；右峰 T_2 值主要范围 10.0～1 000.0 ms，对应的孔喉半径主要范围为 0.63～63.0 μm，为亚微米-微米级孔隙。孔隙中束缚流体略占优势，T_2 截止值为 0.9～14.6 ms，束缚水饱和度 60.6%～71.3%。可动流体平均含量为 32.9%，均为亲水-强亲水砂岩，该类型包括 13、20、25 号样品。在孔隙结构分类中属于物性一般至较好的 Ⅱ b1 类和 Ⅱ b2 类储层。

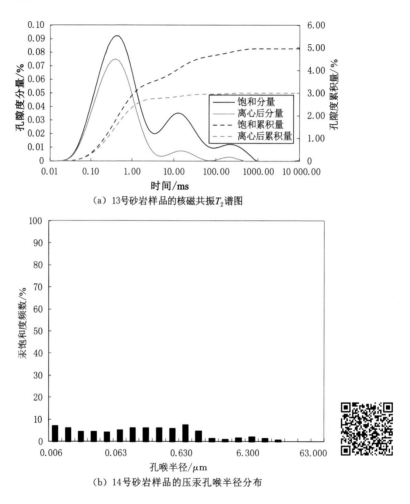

(a) 13 号砂岩样品的核磁共振 T_2 谱图

(b) 14 号砂岩样品的压汞孔喉半径分布

图 6-7　第 5 类砂岩

第 6 类：双峰（图 6-8），左峰明显大于右峰，孔隙度很低，多为 1%～4%。与以上 5 种曲线不同，本类型 T_2 谱图中离心曲线紧贴饱和水曲线，表明束缚水含量非常高，基本无可动水。左峰 T_2 值主要范围 0.1～1.0 ms，对应的孔喉半径为 0.006～0.063 μm，以纳米级孔隙为主；右峰 T_2 值主要范围 1.0～100.0 ms，对应的孔喉半径主要范围 0.063～0.63 μm，以亚微米级孔隙为主。孔隙中束缚流体占绝对优势，T_2 截止值为 0.8～47.7 ms，束缚水饱和度为 76.5.6%～90.9%。可动流体平均含量为 17.5%，弱亲水、亲水、强亲水砂岩均有。

该类型样品编号包括 6、5、1、3、28、27、29、14、22、21、19、17、11。多数样品在孔隙结构分类中属于物性最差至一般的Ⅰ类、Ⅱa1类、Ⅱb1类、Ⅱa2类储层。

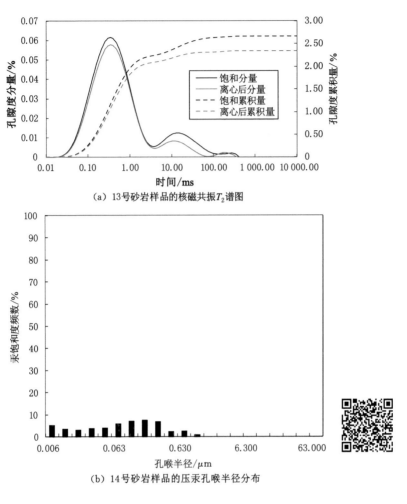

（a）13号砂岩样品的核磁共振T_2谱图

（b）14号砂岩样品的压汞孔喉半径分布

图 6-8　第 6 类砂岩

6.2.2　润湿性对致密砂岩流体赋存、渗流的影响

通过上文的分析可知，致密砂岩中以纳米-亚微米级孔隙为主，含少量或不存在微米级孔隙。束缚流体和可动流体的含量首先受控于孔隙结构，当孔隙度和渗透率增加时，束缚水饱和度随之下降（图 6-9 和图 6-10），可动水饱和度与 T_2 截止值随之增加（图 6-11）。若孔隙度过低（1%～4%），砂岩过于致密，且连通性差，这时不管砂岩水是强亲水还是弱亲水，砂岩的束缚水百分比都非常高，大于 75%，例如第 6 类砂岩。

首先，孔隙结构中喉道占比对束缚水和可动水的影响较大，致密砂岩中喉道百分比越高，可动水饱和度和 T_2 截止值越高（图 6-12），束缚水饱和度和越低（图 6-13）。

其次，在孔隙度、渗透率相似时，孔喉的半径对束缚水饱和度影响较大。砂岩中半径大的孔喉占比越高，特别是半径大的喉道占比越高，则可动水饱和度越高，且束缚水饱和度越低。对于本书研究中的致密砂岩,孔隙主要纳米-亚微米级为主。以第 2 类与第 3 类砂岩为例,两种砂岩孔隙度、渗透率相似,且均为亲水、强亲水砂岩,但是比起第 2 类砂岩,第 3 类砂岩中纳米级孔喉含量普遍降低,亚微米级的孔喉普遍增加,所以第 3 类砂岩中束缚水饱和度随之降低,可动水饱和度随之上升。两类砂岩中大于 0.1 μm 的亚微米级孔喉含量与束缚水饱和度成反比(图 6-14)。同样的,第 3 类砂岩中纳米级孔喉含量比第 5 类砂岩中的低,所以第 3 类砂岩中束缚水饱和度低。

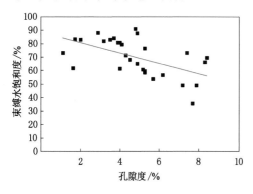

图 6-9　束缚水饱和度与孔隙度的关系

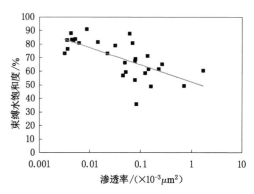

图 6-10　束缚水饱和度与渗透率的关系

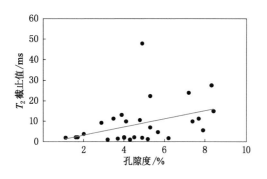

图 6-11　T_2 截止值与孔隙度的关系

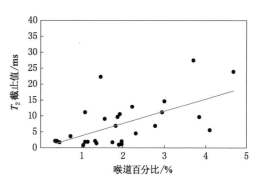

图 6-12　T_2 截止值与喉道百分比的关系

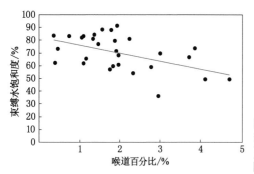

图 6-13　束缚水饱和度与喉道百分比的关系

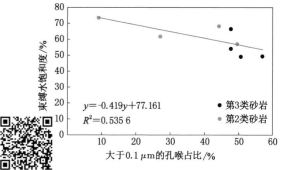

图 6-14　束缚水饱和度与大于 0.1 μm 的孔喉占比的关系

最后,润湿性(即致密砂岩亲水性强弱)对致密砂岩束缚水和可动水饱和度有一定的影响,但在不同半径的孔喉中该影响的表现不同。束缚水主要由束缚水膜和毛细管水组成。束缚水膜由孔喉表面力作用于多层水分子形成,毛细管水为孔喉中可动水受毛细管力束缚而变为束缚水。外来压力大于毛细管力时可将毛细管水驱动变为可动水,所以砂岩中束缚水、可动水是一组相对概念。在水分子直径为 0.4 nm,储层中水膜厚度为 0.005~0.2 μm(付金华等,2013;高洁等,2018),李海波等(2015)分析塔里木和鄂尔多斯盆地致密砂岩得到水膜厚度为 4.92~38.94 nm,平均为 12.88 nm。

但在较大的纳米孔及亚微米孔喉(0.05~1 μm)中(图 6-15),亲水性可通过影响水膜厚度、毛细管力和有效喉道半径来影响束缚水饱和度。以第 4 类、第 5 类砂岩为例。两类砂岩的孔隙度、渗透率相似,T_2 谱均以左峰为主,以较大的纳米-亚微米级孔喉为主。第 5 类砂岩为亲水-强亲水砂岩,强亲水可增强砂岩孔隙表面与水的作用力,可作用于距离孔隙表面更远的孔隙中的水分子,孔隙表面水膜厚度增大,导致砂岩束缚水含量增高;同时,水膜厚度增大导致有效喉道半径缩小甚至阻塞,降低可动流体饱和度;强亲水导致孔喉中毛细管力增大,更多的流体被毛细管力束缚住;这三个因素导致亲水、强亲水砂岩中束缚水饱和度上升,可动水饱和度下降。而第 4 类砂岩为弱亲水砂岩,弱亲水使得砂岩孔隙表面与水的作用力变弱,距离孔隙表面一定距离的水分子层受力减弱,变为可动流体,导致砂岩束缚水含量降低;同时,喉道处束缚水膜变薄,有效喉道半径增大,可动流体饱和度增加;弱亲水导致孔喉中毛细管力下降,比起强亲水砂岩,弱亲水砂岩中更多的水挣脱相对弱的毛细管力而成为可动水。所以第 4 类弱亲水砂岩比第 5 类亲水-强亲水砂岩束缚水饱和度低、可动水饱和度高(图 6-16)。

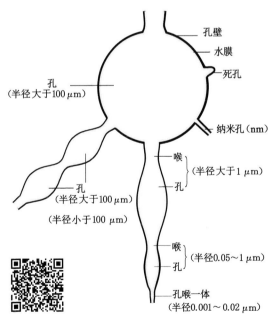

图 6-15　砂岩孔喉中束缚水膜的分布

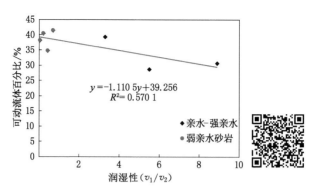

图 6-16   第 4 类与第 5 类砂岩中润湿性(v_1/v_2)与
可动流体百分比的关系

以第 4 类、第 5 类砂岩为例,亲水性对 T_2 谱曲线有一定影响。在饱水砂岩离心后,弱亲水砂岩中相对大的孔表面因对水的作用力弱,孔中水易因离心力脱去,故该孔中水在离心后基本损失殆尽,而微小孔中水被离心脱去的比例也比强亲水砂岩微小孔中的高,离心后大部分水存在于作用力更强的纳米孔隙中。故比起强亲水砂岩,弱亲水砂岩的 T_2 谱离心曲线峰值比饱和水曲线峰值整体明显左移,如果是双峰式曲线则右峰基本消失。总体来说,弱亲水可使致密砂岩中可动流体饱和度上升、束缚水饱和度下降。亲水性对 T_2 谱曲线离心前后的影响在以亚微米孔喉为主的砂岩中表现明显。

上述论证说明润湿性在较大的纳米-亚微米级孔喉(0.05~1 μm)中影响较大。这是因为致密砂岩以纳米-亚微米孔喉为主,而通过毛细管渗流模型得到渗透率与平均孔喉半径的二次方成正比,在纳米孔喉与亚微米孔喉占比相似的情况下,亚微米孔喉对渗透率的贡献率远高于纳米孔喉,亚微米孔喉对致密岩心的渗流起主导作用(任晓霞等,2015)。综上所述,润湿性对以纳米-亚微米级为主的致密砂岩(孔隙度为 5%~10%)的束缚水饱和度影响较大。在常规砂岩中(孔隙度往往大于 10%),其孔隙多为亚毫米-毫米级,孔隙直径大,孔隙表面作用力可影响的水膜的全部体积占孔隙中全部水的比例很低,毛细管力在这种孔隙中比较小,故润湿性对常规砂岩束缚水饱和度的影响远比致密砂岩低。一般来说不管润湿性如何,常规砂岩的束缚水含量较低,普遍小于致密砂岩。在更致密的砂岩中(孔隙度为 1%~4%),孔隙总体积少,以纳米级(孔喉半径为 0.001~0.02 μm)为主,在纳米级孔喉中水分子多以水膜形式与孔隙表面紧密接触,孔隙水受孔隙表面力和强毛细管力的束缚而无法流动,同时纳米喉道被水膜堵塞导致连续水流无法形成,这两个因素造成纳米孔喉中束缚水饱和度非常高,可达 80%~90%。所以亲水性对纳米孔喉束缚水饱和度影响微弱。在 T_2 谱上表现为离心后曲线与饱和水曲线在对应纳米孔喉的最左段(T_2 值小于 0.1 ms)紧密贴合,基本无可动水被离心出来。

总之,润湿性对以接近亚微米的纳米-亚微米级孔喉为主的致密砂岩(孔隙度为 5%~10%,特别是 5%~7%)中的流体赋存、渗流影响较大。

6.3 致密砂岩储层气水分布规律

6.3.1 致密砂岩气水两相渗流特征

气水相对渗透率是流体与岩石相互作用的动态特征参数,通过气水相对渗透率(以下简称气水相渗)试验分析致密气藏开发过程中气水两相相互干扰规律。因为气水两相黏度差距异常大,难以实现两相稳态渗流,故采用非稳态法实施该试验。

从 29 块致密砂岩岩心上钻取直径约 25 mm、长约 50 mm 的标准岩心柱塞,依据《岩石中两相流体相对渗透率测定方法》(GB/T 28912—2012),使用自制高压气瓶、夹持器、手摇泵、压力传感器(0～400 bar)、计时器、ISCO 泵、气体流量计等试验仪器对样品进行非稳态法气驱水试验。试验温度为 25 ℃,相对湿度为 35%～45%。注入气为氮气,注入气黏度为 0.017 6 MPa·s,饱和用水为矿化度 30 000 mg/L 的氯化钙溶液。在样品饱和水后,以恒压差进行气驱水至不出水为止。记录各时刻驱替压力和各相流体的产量,计算并绘制出气水相对渗透率曲线。气相将在水相中发生很强的黏性指进,其次是毛管指进,稳定驱替类型几乎没有。

由于所有的砂岩均为亲水砂岩,所以用氮气驱替饱和水的气水相渗试验实质是非润湿相对润湿性的驱替过程。由于致密砂岩特殊的孔隙结构,在此过程中随着含气饱和度的增加,水相相对渗透率(K_{rw})急剧下降,气相相对渗透率(K_{rg})先缓慢增加再快速增加。根据共渗区间含气饱和度范围、共渗区间宽度、束缚水处气相相对渗透率和最大损失相对渗透率,将研究区致密砂岩的气水相渗曲线分为三大类,分类界限如表 6-2 所示,三种气水相渗曲线类型分别如图 6-17、图 6-18 和图 6-19 所示。

表 6-2 不同类型气水相渗曲线的划分界限(基于含气饱和度)

气水相渗曲线类型	共渗区间含气饱和度范围/%	共渗区间宽度/%	束缚水处气相相对渗透率	最大损失相对渗透率
Ⅰ型	10～60	30～50	>0.1	0.7～0.9
Ⅱ型	10～60	25～40	0.01～0.1	0.9～0.99
Ⅲ型	1～25	15～25	<0.01	0.988～0.999

Ⅰ型气水相渗曲线:如图 6-17 所示,在含饱和水的Ⅰ型砂岩中,随着含气饱和度的增加,初始水相相对渗透率快速下降,但是降速比Ⅱ型、Ⅲ型慢,等渗点过后降速变慢;气相相对渗透率开始时缓慢上升,等渗点过后快速上升。共渗区间宽,其含气饱和度范围为 10%～60%,其宽度绝对值一般为 30%～50%。束缚水处气相相对渗透率大,一般大于 0.1。最大损失相对渗透率在三种类型中最小,一般为 0.7～0.9。束缚水饱和度为 40%～60%,残余气饱和度(S_{gc})为 1%～20%,等渗点含水饱和度(S_{wx})为 50%～70%,等渗点处水相相对渗透率为 0.04～0.15,均值为 0.1。对应的压汞孔隙度和渗透率均较大,均值分别为 6.77% 和 0.055×10⁻³ µm²,砂岩物性较好,均为亲水、强亲水砂岩。此类砂岩数量最少,占总样品量的 11%。

Ⅱ型气水相渗曲线:如图 6-18 所示,在含饱和水的Ⅱ型砂岩中,随着含气饱和度的增加,初始水相相对渗透率快速下降,降速比Ⅰ型快、比Ⅲ型慢,等渗点过后降速变慢;气相相对渗透率开始时缓慢上升,升速小于Ⅰ型,等渗点过后快速上升。共渗区间宽度略窄于Ⅰ型,其含气饱和度范围10%～60%,其宽度绝对值一般为25%～40%。束缚水处气相相对渗透率小于Ⅰ型,一般0.01～0.1。最大损失相对渗透率一般为0.9～0.99。束缚水饱和度40%～60%,残余气饱和度10%～20%,等渗点含水饱和度45%～70%,等渗点处水相相对渗透率远小于Ⅰ型,一般为0.003～0.05,均值0.01。对应的压汞孔隙度和渗透率均值分别为5.52%和0.064×10^{-3} μm^2,砂岩物性为次好,为弱亲水、亲水、强亲水砂岩。此类砂岩数量较多,占总样品量的34%。

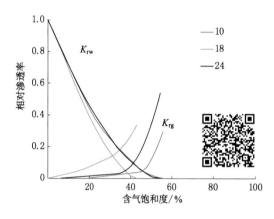

图6-17　Ⅰ型气水相渗曲线　　　　　图6-18　Ⅱ型气水相渗曲线

Ⅲ型气水相渗曲线:如图6-19所示,在含饱和水的Ⅲ型砂岩中,含气饱和度增加,初始水相相对渗透率急剧下降,降速比Ⅰ、Ⅱ型快,等渗点过后降速变慢并很快不出水,达到束缚水状态;气相相对渗透率一直缓慢上升,升速远小于Ⅰ、Ⅱ型。共渗区间宽度略窄于Ⅰ型,含气饱和度1%～25%,宽度绝对值为15%～25%。束缚水处气相相对渗透率小于Ⅰ型Ⅱ型,一般<0.01。最大损失相对渗透率一般为0.988～0.999。束缚水饱和度70%～80%,残余气饱和度1%～8%,等渗点含水饱和度70%～80%,等渗点处水相相对渗透率远小于Ⅰ型、Ⅱ型,一般为0.000 1～0.01,均值0.002。对应的压汞孔隙度和渗透率均值分别为4.74%和0.043×10^{-3} μm^2,砂岩普遍特别致密,物性最差,个别砂岩中发育的裂隙可提高渗透率。该型为弱亲水、亲水、强亲水砂岩。此类砂岩数量最多,占总样品量的55%。

对比三种类型相渗曲线,各种相渗参数间相关性较好。共渗范围大,对应共渗区间宽、束缚水处气相相对渗透率大、最大损失相对渗透率小、初始气驱水时水相相对渗透率下降程度小。共渗范围小,对应共渗区间窄、束缚水处气相相对渗透率小、最大损失相对渗透率大、初始气驱水时水相相对渗透率急剧下降,水相曲线陡立。等渗点含水饱和度与束缚水饱和度、残余气饱和度之间对应关系良好(图6-20)。

6.3.2　气水两相渗流干扰分析

上小节提到一个概念,损失相对渗透率,可以用它来表征气水两相渗流的干扰程度。流体的相对渗透率是某一时刻该流体占据渗流横截面积的比例。当砂岩中仅有单相流体通过时,该流体占据所有的渗流横截面积,其相对渗透率为1;当砂岩中有两相以上流体通过时,

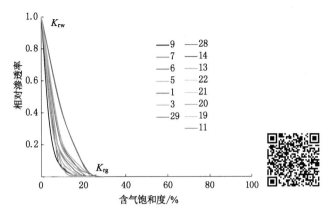

图 6-19　Ⅲ型气水相渗曲线

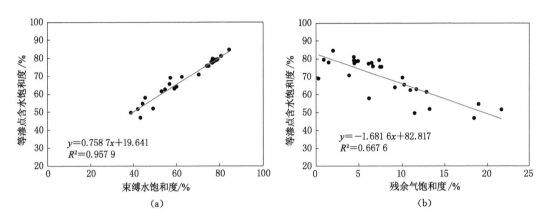

(a)　　　　　　　　　　　　(b)

图 6-20　等渗点含水饱和度分别与束缚水饱和度、残余气饱和度的关系

由于两相相互干扰,所以两相占据渗流横截面积的比例之和总是小于 1,存在损失相对渗透率:

$$K_{rd} = 1 - K_{rw} - K_{rg} \qquad (6-3)$$

式中　K_{rd}——损失相对渗透率;

　　　K_{rw}——水相相对渗透率;

　　　K_{rg}——气相相对渗透率。

如图 6-21 所示,损失相对渗透率随着含气饱和度的增大(即气驱水的过程)先增大后减小,曲线在束缚水对应的含气饱和度处结束。气驱水初期损失相对渗透率急剧增大,在等渗点达到最大值,此时两相相互干扰程度也达到最大。研究区致密砂岩按最大损失相对渗透率可分为两类,小于 90% 和大于 90%。前者如Ⅰ型气水相渗曲线,后者如Ⅱ型和Ⅲ型气水相渗曲线。最大损失相对渗透率越大,砂岩中气水相渗相互干扰越强烈。

如上节所述,致密砂岩含饱和水后,孔喉表面水膜为束缚水,仅较大孔喉中间位置的水为可动流体,可形成渗流。当气体开始进入砂岩后,因为内摩擦力存在差距,气液界面附近气相流动速度远大于水相,气相具有滑脱效应。喉道半径越小,气相滑脱效应越明显(杨胜来等,2004)。致密砂岩中孔喉半径普遍小,所以致密砂岩中气体滑脱效应明显。在开始阶

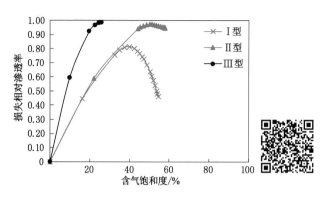

图 6-21   损失相对渗透率的变化曲线

段,气相沿水相表面快速流动,遇到喉道时以更快的速度通过喉道进入下一个孔隙。在下一个孔隙中,因为孔隙表面为水膜,加上气液界面张力的作用,气体只能以气泡的形式存在于孔隙中间,阻碍水相的流动,导致原本有限的致密砂岩水相渗流能力大大下降。所以开始阶段,水相渗透率受气相影响急剧降低。同时,因为岩石亲水性,水相占据喉道,对气流形成卡断,形成不连续气流。随着更多气体进入砂岩,非连续气流变为连续气流。在到达等渗点前,水相占据流动通道的优势渗流空间,严重干扰气相渗流,使气相渗流速度增速较慢,等渗点之后,气相相对渗透率大于水相相对渗透率,岩石中水相占比已大大降低,逐步让出优势渗流通道,对气相的影响下降,气相渗流速度加快。最终,气相占据所有的渗流通道,水相丧失流动性,仅剩束缚水分布在死孔、微小孔隙及孔隙表面(水膜)。在等渗点气水两相的混合程度最高,两相之间的干扰程度最大。单相渗流能力弱的砂岩,岩石孔隙度、渗透率低,以纳米-微米级孔喉为主,在微细的渗流空间中,两相之间的接触面积大,互相干扰程度强,最大损失相对渗透率大(图 6-22 和图 6-23)。

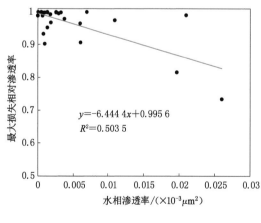

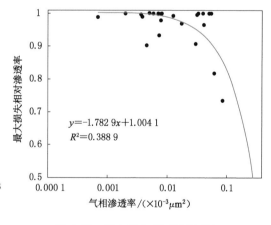

图 6-22   最大损失相对渗透率与水相渗透率的关系

图 6-23   最大损失相对渗透率与气相渗透率的关系

等渗点处单相相对渗透率越高,说明气相进入砂岩后导致水相相对渗透率下降得少,而水相对气相形成渗流的阻碍也较少,气相能形成较强的渗流,即等渗点单相相对渗透率越高,气水间相互干扰程度越低。同时,等渗点含水饱和度能反映气相驱替水相的效率,该值越低则气驱水效率越高。对比三种类型砂岩,等渗点含水饱和度大小关系为:Ⅰ型砂岩＞Ⅱ型砂岩＞Ⅲ型砂岩,等渗点处水相相对渗透率大小关系为:Ⅰ型砂岩＞Ⅱ型砂岩＞Ⅲ型砂岩,所以气驱水效率大小关系为:Ⅰ型砂岩＜Ⅱ型砂岩＜Ⅲ型砂岩,气水间干扰程度大小关系为:Ⅰ型砂岩＜Ⅱ型砂岩＜Ⅲ型砂岩。根据图 6-17、图 6-18、图 6-19,Ⅲ型砂岩水相相对渗透率遇气后急剧下降至零,气驱水效率最高,Ⅲ型砂岩中气相对水相的干扰最强;同时停止出水时气相相对渗透率最低,说明水相对气相的干扰程度最大。

6.3.3 润湿性对气水相渗的影响

等渗点含水饱和度与岩石润湿性有一定的关系,前人以等渗点含水饱和度 60% 为界限划分亲水与弱亲水砂岩(张瑞,2014),等渗点含水饱和度越高岩石越亲水。本书按气水相渗特征划分的Ⅲ型砂岩中,岩石物性过差,参数间对应关系差,等渗点含水饱和度与岩石润湿性基本无相关性。但在物性较好的Ⅰ型、Ⅱ型砂岩中,等渗点含水饱和度与岩石润湿性有较好的对应关系(图 6-24)。等渗点含水饱和度大于 53% 的砂岩,相对润湿性指数均大于 0.3,均为强亲水;等渗点含水饱和度小于 53% 时,相对润湿性指数均小于 0.3,均为弱亲水。仅一个样品不服从此规律(图中圆点)。

因为气水两相渗流能力受孔隙结构影响最大,其次为岩石成分、润湿性、黏土矿物、岩石粒度、气水黏度比和试验条件等多种因素影响(雷刚等,2016)。各因素间又互相影响,错综复杂。为尽量去除其他因素的影响,在Ⅱ型砂岩中选取岩石成分与物性相似的四个粗粒砂岩,其孔隙度在 5%~7% 之间,渗透率在 0.01~0.1×10⁻³ μm² 之间,得到其亲水指数(即吸水挥发速度比 v_1/v_2)和等渗点含水饱和度、束缚水饱和度、残余气饱和度的关系分别如图 6-25、图 6-26、图 6-27 所示,砂岩亲水性越强,则等渗点含水饱和度和束缚水饱和度越高、残余气饱和度越低。不同类型砂岩中亲水性与相渗参数间关系不同,如图 6-28 所示。

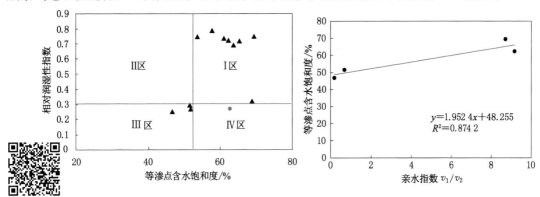

图 6-24　等渗点含水饱和度与相对润湿性指数的关系　图 6-25　亲水性与等渗点含水饱和度的关系

在上一节末提到等渗点含水饱和度大小关系为Ⅰ型砂岩＞Ⅱ型砂岩＞Ⅲ型砂岩,气水间干扰程度大小关系为Ⅰ型砂岩＜Ⅱ型砂岩＜Ⅲ型砂岩,可以从润湿性的角度来理解这一现象。在强亲水砂岩中,水相为润湿相,优先占据孔喉表面形成厚水膜,占据堵塞致密砂岩的微小孔喉,所以气相作为非润湿相进入砂岩孔喉时,遇到的多数微小喉道均被水相堵塞,只能进入较大的孔喉中间,对大孔喉水流进行有限干扰,而水相在小孔喉中和大孔喉的边缘

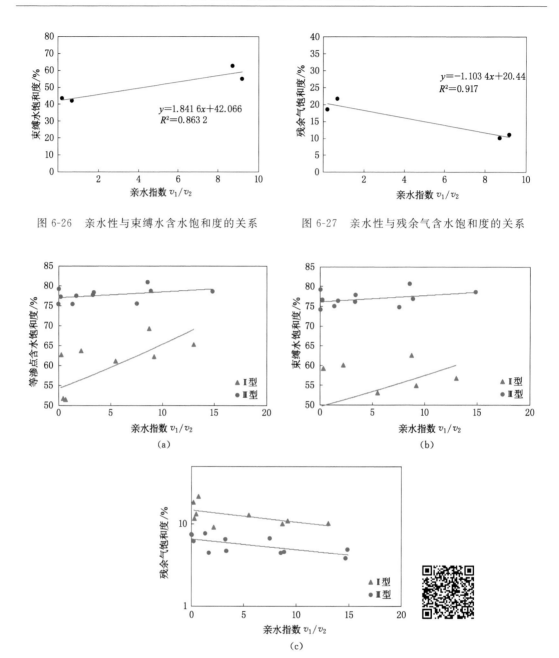

图 6-26　亲水性与束缚水含水饱和度的关系　　图 6-27　亲水性与残余气含水饱和度的关系

（a）

（b）

（c）

图 6-28　不同类型砂岩中亲水性与相渗参数间关系

继续渗流,水相整体因此被干扰的比例下降。参考 6.2.2 节和图 6-20 可知,强亲水砂岩中束缚水饱和度大,等渗点含水饱和度较大。而弱亲水砂岩中,水膜厚度小,微小孔喉多数未被水相堵塞,气相作为小分子进入砂岩后比水相更易进入微小孔喉和较大的孔喉,形成大量气泡,气水间相互作用的面积增大,两相间相互干扰严重。由此可知,气体进入弱亲水砂岩后可进入更多的孔隙中,气体更分散,晚形成连续气流,所以弱亲水砂岩的残余气饱和度(即气相开始流动时的含气饱和度下限)较大。

6.3.4　气藏气水分布

毛管压力与相对渗透率都与饱和度具有函数关系,因此,将毛管压力曲线与相对渗透率曲线叠置起来研究,可确定实际气层最低闭合高度和气水过渡带的厚度及位置,预测气藏各部位的产气能力(于兴河,2009;纪友亮,2016)。油气藏是非均质性的,本书根据较多的样品测试分析获取了具有代表性的毛管压力曲线和相对渗透率曲线,还原气藏气水分布。

由于实验室所得到的毛管压力是用压汞法在试验条件下得到的,需要将其转换为实际地层条件下的气水两相毛管压力,转换公式如下(崔泽宏等,2011):

$$p_{c地} = \frac{\sigma_{gw}\cos\theta_{gw}}{\sigma_{Hg}\cos\theta_{Hg}} p_{cHg} \tag{6-4}$$

式中　$p_{c地}$——实际地层条件下的气水两相毛管压力,MPa;

　　　p_{cHg}——试验条件下压汞毛管压力,MPa;

　　　σ_{gw}——实际地层条件下气水两相界面张力,mN/m;

　　　θ_{gw}——实际地层条件下气水两相接触角,0°;

　　　σ_{Hg}——汞与空气界面张力,480 mN/m;

　　　θ_{Hg}——汞与空气接触角,140°。

根据钻孔数据,砂岩样品所在层位的地层温度为 52~61 ℃,地层压力为 43~53 MPa,见表 2-2,平均值地层温度取 56 ℃,地层压力取 47 MPa,气藏中气体主要为甲烷,根据实验室不同温度压力下的气水界面张力(田宜灵等,1997),可计算出本研究区气藏气水两相界面张力为 49.4 mN/m。将参数代入式(6-4)得到:

$$p_{c地} = 0.134 \times p_{cHg} \tag{6-5}$$

在毛管压力曲线上,某一汞的压力相当于气藏的某一气液柱高度。所以将毛管压力曲线纵坐标的进汞压力和气液柱高度对应后,再结合气水相渗曲线即可得到整个气藏的气水分布。在地层条件下,毛管压力和气液柱的关系为:

$$h = \frac{p_{c地} \times 10^6}{(\rho_液 - \rho_气) \times 9.8} \tag{6-6}$$

$$\rho_气 = 3\,484.4 \times \frac{\gamma_o p_流}{Z_r T} \tag{6-7}$$

式中　h——自由水面上的气液柱高度;

　　　$\rho_液$——实际地层条件下水的密度,kg/m³;

　　　$\rho_气$——实际地层条件下天然气的密度,kg/m³;

　　　γ_o——天然气的相对密度,无量纲;

　　　$p_流$——实际地层条件下储层流体压力,MPa;

　　　Z_r——实际地层条件下天然气偏差系数;

　　　T——地层温度,K。

天然气相对密度为 0.568 8(麦瑶娣,2006)。根据钻孔数据,研究区样品所在层位的储层流体压力一般为 16~19 MPa,平均值为 17 MPa,地层温度为 56 ℃。在 56 ℃、17 MPa 的地层条件下,水的密度约为 1.011×10^3 kg/m³(罗宇维等,2012),天然气偏差系数 0.98(麦瑶娣,2006)。由式(6-7)可得到 $\rho_气$ 为 104.5 kg/m³,代入式(6-6)和式(6-5),即可得到:

$$h = 15.08 \times p_{cHg} \qquad\qquad (6\text{-}8)$$

由式(6-8)可建立进汞毛管压力和自由水面之上气水柱高度的对应关系。

将相渗曲线与毛管压力曲线在相同流体饱和度下叠置，如图 6-29 所示，10 号样品相渗曲线的束缚水饱和度（此处水相渗透率为零）为 44.34％，对应的非润湿相饱和度为 55.66％，在毛管压力曲线上，该非润湿相饱和度对应的毛管压力为 10.28 MPa，该毛管压力对应的气液柱高度为 155 m。在自由水面以上，气液柱高度超过 155 m 的层段为纯产气段。所以纯产气的最低圈闭高度为 155 m。

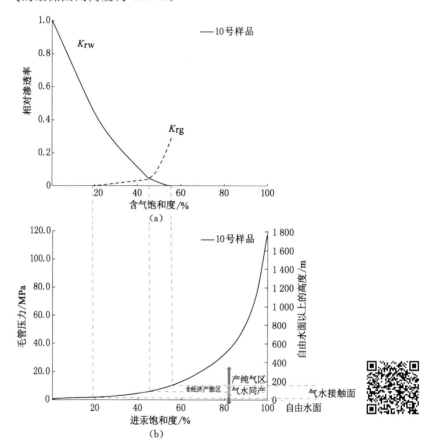

图 6-29　由毛管压力曲线、相渗曲线确定气水分布及储层生产能力

相渗曲线的残余气饱和度（此处气相渗透率为零）为 18.98％，在毛管压力曲线上，该非润湿相饱和度对应的毛管压力为 1.59 MPa，该毛管压力对应的气液柱高度为 24 m。在自由水面以上，气液柱高度 24～155 m 的层段为气水同产区，气水过渡带厚度为 131 m，气液柱高度 0～24 m 的层段为产纯水区。

相渗曲线的等渗点含水饱和度为 54.55％，含气饱和度为 45.45％，对应的毛管压力为 6.12 MPa，气液柱高度为 92 m。等渗点可作为经济产能标志点（崔泽宏等，2011），在自由水面以上，气液柱高度为 92～155 m 的层段虽然出水，但水气比相对较低，产层仍具有经济效益。气液柱高度为 24～92 m（厚度 68 m）的层段虽然产气，但出水较多，不利于生产开发。所以在设计新井开发方案和大角度斜井时，应尽量避开自由水面以上 0～92 m 范围，或至少避开距离气水同产区底部 68 m 以上的距离。由此可知,致密砂岩气水过渡带较长。对比图 5-5 可知,10 号样品所在 LX17 井太原组太$_2$段桥头砂岩层总厚度小于 20 m,实际气藏高度小于试验确定的纯产气的最低圈闭高度,也小于试验确定的气水接触界面高度,所以 LX17 井桥头砂岩仅产水,不产气。根据气测资料,该处不是气层或差气层,为干层。

由于储层非均质性强,笔者计算了所有样品的气水过渡带厚度,以期厘清其复杂的气水分布和关系。根据上述方法,得到所有样品的气水分布参数,如表 6-3 所示。由此可知,致密砂岩储层非均质性强,气水关系复杂,气水过渡带长。

表 6-3 致密砂岩气水分布参数

相渗曲线类型	编号	纯产气段开始高度/m	该高度以下产水/m	经济产能标志点/m	气水过渡带长度/m	经济产能区厚度/m
Ⅰ型	10	155.1	24.0	92.2	131.1	62.9
	18	43.8	6.7	26.2	37.1	17.6
	24	105.1	18.1	67.4	87.0	37.7
	最小值	43.8	6.7	26.2	37.1	17.6
	最大值	155.1	24.0	92.2	131.1	62.9
	平均值	101.3	16.3	61.9	85.0	39.4
Ⅱ型	2	277.1	14.5	248.9	262.6	28.2
	4	499.5	130.3	373.8	369.2	125.7
	8	175.9	14.3	110.8	161.6	65.1
	12	269.8	60.3	207.9	209.5	61.9
	15	277.1	23.4	110.8	253.7	166.3
	16	62.2	5.7	34.4	56.5	27.8
	25	692.7	11.1	314.3	681.6	378.4
	26	103.8	11.3	58.2	92.5	45.6
	最小值	62.2	5.7	34.5	56.5	27.7
	最大值	692.7	130.3	373.8	681.6	378.4
	平均值	294.8	33.9	182.4	260.9	112.4
Ⅲ型	1	20.3	0.3	18.7	20.0	1.6
	3	174.9	22.6	150.8	152.3	24.1
	5	48.9	0.4	44.3	48.5	4.6
	6	443.4	106.9	236.3	336.5	207.1
	7	17.4	1.2	16.9	16.2	0.5
	9	29.5	6.8	25.0	22.7	4.5
	11	447.2	46.6	424.9	400.6	22.3
	13	17.2	3.2	14.7	14.0	2.5
	14	76.0	31.7	75.2	44.3	0.8
	19	20.9	2.4	19.1	18.5	1.8

表6-3(续)

相渗曲线类型	编号	纯产气段开始高度/m	该高度以下产水/m	经济产能标志点/m	气水过渡带长度/m	经济产能区厚度/m
Ⅲ型	20	26.0	5.3	22.1	20.7	3.9
	21	48.2	25.2	46.4	23.0	1.8
	22	47.9	13.2	46.9	34.7	1.0
	28	64.5	27.9	62.6	36.6	1.9
	29	69.3	0.3	44.3	69.0	25.0
	最小值	17.19	0.28	14.68	16.91	2.51
	最大值	447.21	106.85	424.87	340.36	22.34
	平均值	103.44	19.59	83.21	83.84	20.23

气水过渡带厚度与润湿性基本无相关性。气水过渡带厚度与经济产能区厚度呈正相关性(图 6-30)。神木井区气水过渡带厚度普遍小于临兴井区,前者平均厚度为 110 m,后者平均厚度为 156 m。两个井区经济产能区厚度近似相等,均为 50 m 左右。

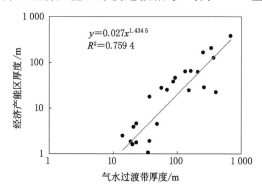

图 6-30　气水过渡带厚度与经济产能区厚度的关系

6.4　致密砂岩储层润湿性预测模型

基于前述章节的分析内容,选取与润湿性联系紧密的参数进行建模,利用致密砂岩的岩石、物性参数来评价砂岩润湿性,以期为致密砂岩润湿性预测服务。因为样本量少,致密砂岩物性差,各参数间相关性差,所以利用现有模型预测润湿性的难度较大。建模所用工具为 R 语言,选择 Xgboost 和逐步回归两种主流回归模型,两者结论基本可互相印证,结论可由前面章节的分析结果来解释,这证明了模型有效。

6.4.1　变量解释

基于前面的工作成果,筛选如下 11 个与润湿性有关的参数作为变量。变量分为三大类:第一类为砂岩中矿物含量,包括石英、长石、碳酸盐胶结物、黏土矿物;第二类为岩石的物性,包括孔隙度和渗透率两个参数(可选取对砂岩物性描述更精确的核磁氢孔隙度、核磁渗透率),此外还有退汞效率、T_2 截止值、束缚水饱和度、粒度等特征;第三类为沉积微相。其中沉积微相这一参数是标称型变量,其余 10 个参数是数值型变量。

对数值变量做两两 spearman 相关性分析可以发现(图 6-31),石英和黏土矿物含量之间有较强的负相关性(相关系数达到 0.72),粒度和核磁氢孔隙度呈正相关(相关系数 0.66)。蓝色表示正相关,红色表示负相关;相关性越大,颜色越深,圈越大。该分析与前述章节的分析结果吻合。

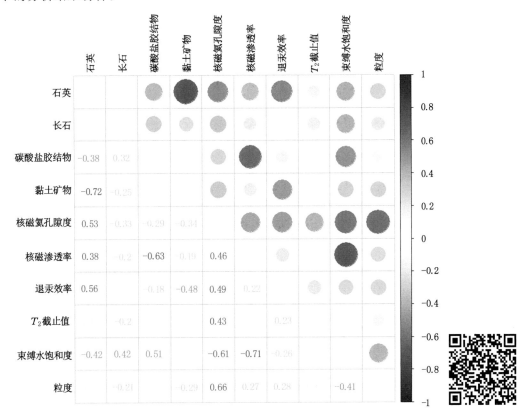

图 6-31 参数间相关性分析

6.4.2 润湿性预测模型

6.4.2.1 模型一:Xgboost

(1)模型介绍

Xgboost 是 Extreme Gradient Boosting(极端梯度上升)的简称。它类似梯度上升框架,但更高效,兼具线性模型求解器和树学习算法。该算法由多棵决策树组成,通过不断地添加树,不断地进行特征分裂来生长一棵树,每个样本的特征在每棵树上会落到一个叶子节点对应的分数上,最后将每棵树对应的分数加起来,就可得到该样本的预测值。为使预测值尽量接近真实值(准确率),该算法引入了正则化项来控制模型的复杂度,是泛化能力较强的算法(Chen et al.,2016)。

Xgboost 核心部分的算法流程如图 6-32 所示。

Algorithm 1：Exact Greedy Algorithm for Split Finding

Input：I，instance set of current node

Input：d，feature dimension

$gain \leftarrow 0$

$G \leftarrow \sum_{i \in I} g_i$，$H \leftarrow \sum_{i \in I} h_i$

for $k = 1$ **to** m **do**

    $G_L \leftarrow 0$，$H_L \leftarrow 0$

    for j in sorted(I，by x_{jk}) do

        $G_L \leftarrow G_L + g_j$，$H_L \leftarrow H_L + h_j$

        $G_R \leftarrow G - G_L$，$H_R \leftarrow H - H_L$

        Score $\leftarrow$ max(score，$G_L^2/(H_L + \lambda) + G_R^2/(H_R + \lambda) - G^2/(H + \lambda)$)

    end

end

Output：Split with max score

图 6-32　Xgboost 核心部分的算法流程

（2）主要参数调节

提高模型的解释性，对于参数调节至关重要，参数主要目的有两种：一是在海量的数据下提高训练速度；另一个是在尽可能提高精度的同时防止过拟合。由于数据量少，主要关注的是过拟合的情况，对计算资源的优化可以采用默认参数。

eta＝0.1：学习率，缩小每一步的权重，使模型更健壮。

min_child_weigth＝1：定义子树所需观察的最小权重总和，用于控制过度配合，较高的值会阻止模型学习关系。

max_depth＝5：树的最大深度，控制过度拟合。

objective[default ＝ reg：linear]：回归问题所使用的的方法。

（3）模型过程构建

```
xgb<-xgboost(data= data.matrix(geo.t[,c(1:17)]),
             label=geo.t$润湿性指数,
             eta=0.1,
             min_child_weigth=1,
             max_depth=5,
             nrounds = 30,nfold=5,objective = "reg:linear")
```

（4）结果解读

图 6-33 为 Xgboost 模型的树型表示，即该模型的决策过程。它是根据多棵树的剪枝来做决策的，是一个非线性的过程，所以无法写出一个线性公式，只能给出图 6-34 所示的决策结果，其中列出了在决策过程中变量的重要性。

对于本研究来说，根据图 6-34 可知各变量对润湿性的重要性，决定润湿性的主要参数为石英含量、退汞效率、束缚水饱和度。渗透率、沉积微相、黏土矿物、其他矿物含量、粒度和

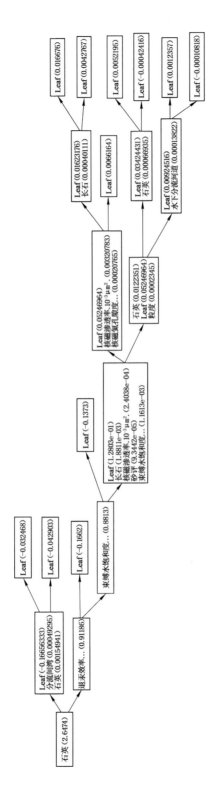

图 6-33 Xgboost 树模型

（Leaf 表示测试数据点，括号表示叶子节点的取值）

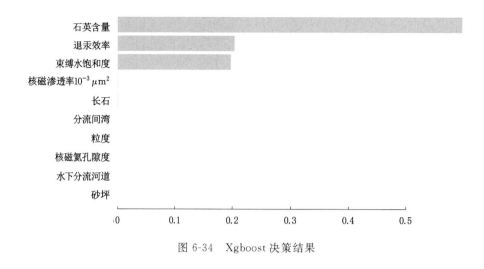

图 6-34　Xgboost 决策结果

孔隙度为次要因素。

　　本次模拟所得 $R^2 = 0.66$，拟合度相对较高，结果较为可信。这是因为本研究仅有 29 个样品，样本量少决定沉积微相因素在模型一中并未被充分表达。模型一的决策树需要大量数据去尽量覆盖所有可能的输入，适合于大数据。所谓的"大"是指训练样本的覆盖面要大。而线性模型可以处理训练样本较小的情况，所以下面用的线性模型——模型二来处理研究样品数据。

6.4.2.2　模型二：逐步回归

　　逐步回归是多元回归模型中的一种重要方法，与决策树模型不同的是，它能够拟合出一个线性（非线性）的函数公式，可以对多变量重要性进行判断，也能够提供备选关系式的数据理解能力，并建立最优或合适的回归模型，从而更加深入地研究变量之间的依赖关系以及模型的预测能力。

　　在逐步回归分析中，变量被逐个引入模型，每一个新变量引入后都要进行 F 检验，并对已选的旧变量逐个进行 t 检验。通过删除因新变量的引入而变得不显著的旧变量，来确保每个新变量引入之前回归方程中只包含显著性变量，最后所得到的解释变量集是最优最合理的。对备选函数式的数据理解能力，通常以 AIC（信息统计量准则）或 BIC（贝叶斯信息准则）作为模型选择准则，本书通过选择最小的 AIC 信息统计量，来达到用较少的模型参数获得足够拟合度的目的。

　　经过逐步回归分析，得到的公式为：润湿性指数 = $-1.066 + 0.012 \times$ 石英含量 $+ 0.060 \times$ 孔隙度 $+ 0.125 \times$ 渗透率 $- 0.011 \times T_2$ 截止值 $+ 0.008 \times$ 束缚水饱和度。回归结果如表 6-4 和表 6-5 所示。

表 6-4　逐步回归结果（一）

term	参数	std. error	statistic	p. value
截距	-1.06649	0.353379	-3.01797	0.006126
石英含量	0.012012	0.003819	3.145231	0.004534

表6-4(续)

term	参数	std. error	statistic	p. value
孔隙度	0.060259	0.023864	2.525071	0.018916
渗透率	0.125436	0.096926	1.294137	0.208462
T_2 截止值	−0.01069	0.003429	−3.11617	0.004858
束缚水饱和度	0.008214	0.002998	2.739621	0.011678

表 6-5　逐步回归结果(二)

term	r. squared	adj. r. squared	sigma	statistic	p. value	df
value	0.59539	0.507431	0.15589	6.768975	0.000516	6
term	logLik	AIC	BIC	deviance	df. residual	
value	16.1115	−18.223	−8.65194	0.558937	23	

　　模型二给出了用参数计算润湿性的线性公式,影响润湿性的主要参数有石英含量、孔隙度、渗透率、T_2 截止值和束缚水饱和度。两个模型均认为石英含量、束缚水饱和度和渗透率是润湿性的重要参数,具有一定的对比性。对比模型一和模型二,模型一的 R^2 略大,其拟合效果略好。两个模型的 R^2 整体相差不大,考虑 Xgboost 无法得出一个直观公式,最终可参考逐步回归模型得到的回归公式。

6.5　小　　结

　　通过核磁共振、气水相对渗透率试验和润湿性模型的建立,本章主要取得以下认识:
　　① 受控于沉积微相,致密砂岩的润湿性与物性有较好的相关性。其中,砂岩亲水性越强,退汞效率越高。一般情况下,弱亲水砂岩的退汞效率均不大于 30%,亲水-强亲水砂岩的退汞效率均大于 30%。水下分流河道主体部位、障壁砂坝、砂坪等水动力强的沉积微相中易形成强亲水、亲水砂岩,孔隙度较高,多为气层-差气层,气体采收率高;水下分流河道顶部、分流间湾、水下天然堤、河口坝、混合坪等水动力条件弱的沉积微相中易形成弱亲水砂岩,孔隙度低,多为干层-差气层,气体采收率低。可见润湿性能很好地评价气藏砂岩的物性和储集性能。
　　② 根据核磁共振结果,研究区致密砂岩样品以纳米-亚微米级孔隙为主,束缚水饱和度整体偏高,范围为 35.70%~90.90%,平均值为 70.07%。结合压汞和核磁共振,根据曲线形态和束缚水饱和度将 T_2 谱图分为两大类六小类。
　　③ 束缚水饱和度受控于孔隙结构、喉道百分比、孔喉的半径,孔隙度和渗透率增加时,束缚水饱和度随之下降;致密砂岩中喉道百分比越高,束缚水饱和度越低;砂岩中半径大的孔喉百分比越高,束缚水饱和度越低。
　　④ 润湿性对接近亚微米的纳米-亚微米级孔喉为主的致密砂岩中的流体赋存、渗流影响较大。在较大的纳米孔及亚微米孔喉(0.05~1 μm)中,亲水性可通过影响水膜厚度、毛细管力和有效喉道半径来影响束缚水饱和度。强亲水使砂岩中束缚水饱和度上升,可动水饱和度下降。在常规砂岩亚毫米-毫米级孔隙中可动流体体积占比大,润湿性对束缚水饱和

度的影响很低,在更致密的以纳米级孔隙为主的砂岩中(孔隙度 $1\%\sim4\%$),束缚水饱和度非常高,润湿性对束缚水饱和度影响也微弱。

⑤ 致密砂岩气水两相相对渗透率曲线的共渗区间($15\%\sim50\%$)往往较窄,束缚水饱和度高。随着含气饱和度的增加,水相相对渗透率急剧下降,最终气相相对渗透率较低。将研究区致密砂岩的气水相渗曲线分为三大类,各种相渗参数间相关性较好。

⑥ 在Ⅰ型Ⅱ型砂岩中,等渗点含水饱和度大于 53% 的砂岩均为亲水、强亲水砂岩,小于 53% 的砂岩均为弱亲水砂岩。剔除孔隙结构、岩石成分、气水黏度比和试验条件等多种影响因素,砂岩亲水性越强,则等渗点含水饱和度和束缚水饱和度越高、残余气饱和度越低。

⑦ 致密砂岩气水关系复杂,气水过渡带长。气水过渡带厚度与润湿性基本无相关性。神木井区气水过渡带厚度普遍小于临兴井区,前者平均厚度为 110 m,后者平均厚度为 156 m。

⑧ 基于 R 语言,建立了 Xgboost 和逐步回归两种模型,两种模型均显示决定润湿性的主要参数是石英含量、束缚水饱和度和渗透率。得到了预测润湿性的回归公式:润湿性指数 $=-1.066+0.012\times$ 石英含量 $+0.060\times$ 孔隙度 $+0.125\times$ 渗透率 $-0.011\times T_2$ 截止值 $+0.008\times$ 束缚水饱和度。

参 考 文 献

曹代勇,姚征,李靖,2014.煤系非常规天然气评价研究现状与发展趋势[J].煤炭科学技术,42(1):89-92.

陈朝兵,杨友运,邵金辉,等,2019.鄂尔多斯东北部致密砂岩气藏地层水成因及分布规律[J].石油与天然气地质,2019(2):313-325.

陈刚,丁超,徐黎明,等,2012.鄂尔多斯盆地东缘紫金山侵入岩热演化史与隆升过程分析[J].地球物理学报,55(11):3731-3741.

程付启,金强,姜桂凤,等,2006.地层水在天然气保存中的积极作用[J].新疆石油地质,27(5):626-628.

崔泽宏,夏朝辉,刘玲莉,等,2011.应用毛管压力与相渗曲线研究复杂碳酸盐岩储层生产能力:以土库曼阿姆河右岸 M 区块气田为例[J].油气地质与采收率,18(1):89-91.

戴金星,倪云燕,胡国艺,等,2014.中国致密砂岩大气田的稳定碳氢同位素组成特征[J].中国科学(地球科学),44(4):563-578.

戴金星,倪云燕,吴小奇,2012.中国致密砂岩气及在勘探开发上的重要意义[J].石油勘探与开发,39(3):257-264.

邓宏文,钱凯,1993.沉积地球化学与环境分析[M].兰州:甘肃科学技术出版社.

杜锐,董克,照志怀,2002.山西地下水环境特征与保护研究[M].北京:中国环境科学出版社.

杜新龙,康毅力,游利军,等,2013.低渗透储层微流动机理及应用进展综述[J].地质科技情报,32(2):91-96.

冯晓娟,石彦龙,杨武,2014.材料表面的润湿性[J].化学通报,77(5):418-424.

付金华,李士祥,刘显阳,2013.鄂尔多斯盆地石油勘探地质理论与实践[J].天然气地球科学,24(6):1091-1101.

傅宁,杨树春,贺清,等,2016.鄂尔多斯盆地东缘临兴—神府区块致密砂岩气高效成藏条件[J].石油学报,37(增刊1):111-120.

高国忠,2000.润湿性对储层的电性影响及利用测井资料确定储层的润湿性研究[D].北京:中国石油大学(北京).

高洁,任大忠,刘登科,等,2018.致密砂岩储层孔隙结构与可动流体赋存特征:以鄂尔多斯盆地华庆地区长 6_3 致密砂岩储层为例[J].地质科技情报,37(4):184-189.

郭英海,刘焕杰,陈孟晋,2004.鄂尔多斯地区晚古生代沉积演化[M].徐州:中国矿业大学出版社.

郭英海,刘焕杰,1999.鄂尔多斯地区晚古生代的海侵[J].中国矿业大学学报,28(2):126-129.

韩学辉,戴诗华,王雪亮,等,2005.油藏润湿性评价方法研究[J].勘探地球物理进展,28(1):19-24.

何志刚,2011.毛管力自吸采油[J].科技导报,29(4):39-43.

华朝,李明远,林梅钦,等,2015.利用表面电势表征砂岩储层岩石表面润湿性[J].中国石油大学学报(自然科学版),39(2):142-150.

黄隆基,1995.润湿性对岩石电阻率影响的模型估算[J].地球物理学报,38(3):405-410.

黄思静,黄培培,王庆东,等,2007.胶结作用在深埋藏砂岩孔隙保存中的意义[J].岩性油气藏,19(3):7-13.

纪友亮,2016.油气储层地质学[M].3版.青岛:中国石油大学出版社.

姜振学,林世国,庞雄奇,等,2006.两种类型致密砂岩气藏对比[J].石油实验地质,28(3):210-214.

金家锋,王彦玲,蒋官澄,等,2012.气润湿性的评价方法及研究进展[J].应用化工,41(9):1604-1607.

金之钧,张金川,1999.深盆气藏及其勘探对策[J].石油勘探与开发,26(1):4-5.

鞠斌山,2006.油藏渗流系统物性变化机理与数学模拟研究[D].北京:中国地质大学(北京).

康玉柱,2016.中国致密岩油气资源潜力及勘探方向[J].天然气工业,36(10):10-18.

康竹林,傅诚德,崔淑芬,等,2000.中国大中型气田概论[M].北京:石油工业出版社.

孔祥言,1999.高等渗流力学[M].合肥:中国科学技术大学出版社.

雷德文,唐勇,常秋生,2008.准噶尔盆地南缘深部优质储集层及有利勘探领域[J].新疆石油地质,29(4):435-438.

雷刚,董平川,蔡振忠,等,2016.致密砂岩气藏气水相对渗透率曲线[J].中南大学学报(自然科学版),47(8):2701-2705.

雷群,万玉金,李熙喆,等,2010.美国致密砂岩气藏开发与启示[J].天然气工业,30(1):45-48.

李爱芬,任晓霞,王桂娟,等,2015.核磁共振研究致密砂岩孔隙结构的方法及应用[J].中国石油大学学报(自然科学版),39(6):92-98.

李得路,2018.鄂尔多斯盆地南部三叠系延长组长7油页岩地球化学特征及古沉积环境分析[D].西安:长安大学.

李海波,郭和坤,李海舰,等,2015.致密储层束缚水膜厚度分析[J].天然气地球科学,26(1):186-192.

李继山,姚同玉,2015.无机盐对气藏砂岩表面动态润湿性的影响研究[J].西安石油大学学报(自然科学版),30(4):79-81.

李建忠,郭彬程,郑民,等,2012.中国致密砂岩气主要类型、地质特征与资源潜力[J].天然气地球科学,23(4):607-615.

李剑,魏国齐,谢增业,等,2013.中国致密砂岩大气田成藏机理与主控因素:以鄂尔多斯盆地和四川盆地为例[J].石油学报,34(增刊):14-28.

李健,吴智勇,曾大乾,等,2002.深层致密砂岩气藏勘探开发技术[M].北京:石油工业出版社:4-8.

李琴,1996.相对渗透率法评定储集层岩石表面润湿性[J].石油实验地质,1996(4):454-458.

李滔,肖文联,李闯,等,2017.砂岩储层微观水驱油实验与数值模拟研究[J].特种油气藏,24(2):155-159.

林光荣,邵创国,王小林,等,2006.特低渗储层润湿性评价新方法研究[J].特种油气藏,13(4):84-85.

刘静,2010.山西临县紫金山碱性杂岩体的地球化学特征[D].太原:太原理工大学.

刘堂晏,燕军,1997.岩石润湿性的分类及测井解释[J].测井技术,21(4):247-249.

刘堂宴,傅容珊,王绍民,等,2003.考虑岩石润湿性的新导电模型研究[J].测井技术,27(2):99-103.

罗孝俊,杨卫东,李荣西,等,2001.pH值对长石溶解度及次生孔隙发育的影响[J].矿物岩石地球化学通报,20(2):103-107.

罗宇维,朱江林,李东,等,2012.温度和压力对井内流体密度的影响[J].石油钻探技术,40(2):30-34.

吕成远,张金功,2002.不同润湿性砂岩孔隙度与含油饱和度的定量关系[J].西北地质,35(3):90-93.

马永生,田海芹,2006.华北盆地北部深层层序古地理与油气地质综合研究[M].北京:地质出版社.

麦瑶娣,2006.工程设计中气体压缩因子确定方法[J].化工设计,16(1):17-18.

毛光周,刘池洋,2011.地球化学在物源及沉积背景分析中的应用[J].地球科学与环境学报,33(4):337-348.

彭雪峰,汪立今,姜丽萍,2012.准噶尔盆地东南缘芦草沟组油页岩元素地球化学特征及沉积环境指示意义[J].矿物岩石地球化学通报,31(2):121-127.

彭治超,李亚男,张孙玄琦,等,2018.主微量元素地球化学特征在沉积环境中的应用[J].西安文理学院学报(自然科学版),21(3):108-111.

秦勇,梁建设,申建,等,2014.沁水盆地南部致密砂岩和页岩的气测显示与气藏类型[J].煤炭学报,39(8):1559-1565.

秦勇,申建,沈玉林,2016.叠置含气系统共采兼容性:煤系"三气"及深部煤层气开采中的共性地质问题[J].煤炭学报,41(1):14-23.

邱隆伟,姜在兴,操应长,等,2001.泌阳凹陷碱性成岩作用及其对储层的影响[J].中国科学D辑,31(9):752-759.

全国煤化工信息总站,2019.2018年中国能源统计数据[J].煤化工,47(1):75.

全国石油天然气标准化技术委员会,2012.天然气藏分类:GB/T 26979—2011[S].北京:中国标准出版社.

全国石油天然气标准化技术委员会,2013.岩石中两相流体相对渗透率测定方法:GB/T 28912—2012[S].北京:中国标准出版社.

全国石油天然气标准化技术委员会,2022.致密砂岩气地质评价方法:GB/T 30501—2022[S].北京:中国标准出版社.

任晓娟,刘宁,曲志浩,等,2005.改变低渗透砂岩亲水性油气层润湿性对其相渗透率的影响

[J].石油勘探与开发,32(3):123-124.

尚冠雄,1997.华北地台晚古生代煤地质学研究[M].太原:山西科学技术出版社.

邵龙义,董大啸,李明培,等,2014.华北石炭—二叠纪层序-古地理及聚煤规律[J].煤炭学报,39(8):1725-1734.

邵龙义,窦建伟,张鹏飞,1998.含煤岩系沉积学和层序地层学研究现状和展望[J].煤田地质与勘探,26(1):4-9.

沈玉林,2009.鄂尔多斯中东部晚古生代古地理及高效储层控制因素研究[D].徐州:中国矿业大学.

石油地质勘探专业标准化委员会,2003.碎屑岩成岩阶段划分:SY/T 5477—2003[S].北京:石油工业出版社.

石油工业标准化技术委员会石油测井专业标准化委员会,2015.岩样核磁共振参数实验室测量规范:SY/T 6490—2014[S].北京:石油工业出版社.

宋雪娟,李壮福,黄金连,2011.神木-双山地区太原组桥头砂岩沉积特征及演化[J].中国煤炭地质,23(4):14-18.

孙军昌,杨正明,刘学伟,等,2012.核磁共振技术在油气储层润湿性评价中的应用综述[J].科技导报,30(27):65-71.

谭聪,2017.鄂尔多斯盆地上二叠统—中上三叠统沉积特征及古气候演化[D].北京:中国地质大学(北京).

田慧君,2017.子洲气田山2段储层流动单元研究[D].成都:成都理工大学.

田宜灵,肖衍繁,朱红旭,等,1997.高温高压下水与非极性流体间的界面张力[J].物理化学学报,1997(1):89-95.

同济大学海洋地质系,1980.海、陆相地层辨认标志[M].北京:科学出版社:171-175.

汪新光,李茂,覃利娟,等,2011.利用压汞资料进行低渗储层孔隙结构特征分析:以 W11-7油田流沙港组三段储层为例[J].海洋石油,31(1):42-47.

王峰,刘玄春,邓秀芹,等,2017.鄂尔多斯盆地纸坊组微量元素地球化学特征及沉积环境指示意义[J].沉积学报,35(6):1265-1273.

王家禄,刘玉章,陈茂谦,等,2009.低渗透油藏裂缝动态渗吸机理实验研究[J].石油勘探与开发,36(1):86-90.

王杰,2018.微量元素方法在油气地球化学勘探中的应用[J].中国石油和化工标准与质量,38(21):96-97.

王朋岩,刘凤轩,马锋,等,2014.致密砂岩气藏储层物性上限界定与分布特征[J].石油与天然气地质,35(2):238-243.

王淑玲,张炜,吴西顺,等,2014.全球非常规能源勘查开发现状及发展趋势[J].矿床地质,33(增刊):869-870.

王为民,郭和坤,叶朝辉,2001.利用核磁共振可动流体评价低渗透油田开发潜力[J].石油学报,22(6):40-44.

王馨,张向军,孟永钢,等,2008.微纳米间隙受限液体边界滑移与表面润湿性试验[J].清华大学学报(自然科学版),48(8):1302-1305.

王运敏,2008.中国黑色金属矿选矿实践(上、下册)[M].北京:科学出版社.

王运所,许化政,王传刚,等,2010.鄂尔多斯盆地上古生界地层水分布与矿化度特征[J].石油学报,31(5):748-753.

韦刚健,陈毓蔚,李献华,等,2001.NS935 钻孔沉积物不活泼微量元素记录与陆源输入变化探讨[J].地球化学,30(3):208-216.

吴志宏,牟伯中,王修林,等,2001.油藏润湿性及其测定方法[J].油田化学,18(1):90-96.

席胜利,李文厚,刘新社,等,2009.鄂尔多斯盆地神木地区下二叠统太原组浅水三角洲沉积特征[J].古地理学报,11(2):187-194.

谢国梁,沈玉林,赵志刚,等,2013.西湖凹陷平北地区泥岩地球化学特征及其地质意义[J].地球化学,42(6):599-610.

徐国盛,赵莉莉,徐发,等,2012.西湖凹陷某构造花港组致密砂岩储层的渗流特征[J].成都理工大学学报(自然科学版),39(2):113-121.

许雅,谭文才,王涛,2009.砂岩储层润湿性研究进展[J].国外测井技术,2009(5):8-11.

鄢捷年,2001.一种定量测定油藏岩石润湿性的新方法[J].石油勘探与开发,28(2):83-86.

颜肖慈,罗明道,2005.界面化学[M].北京:化学工业出版社.

杨胜来,魏俊之,2004.油层物理学[M].北京:石油工业出版社:141.

杨兴科,晁会霞,郑孟林,等,2008.鄂尔多斯盆地东部紫金山岩体 SHRIMP 测年地质意义[J].矿物岩石,28(1):54-63.

杨振宇,马醒华,孙知明,等,1998.华北地块显生宙古地磁视极移曲线与地块运动[J].中国科学(D 辑),1998(增刊):44-56.

油气田开发专业标准化技术委员会,2017.油藏岩石润湿性测定方法:SY/T 5153—2017[S].北京:石油工业出版社.

于兴河,李顺利,杨志浩,2015.致密砂岩气储层的沉积-成岩成因机理探讨与热点问题[J].岩性油气藏,27(1):1-13.

于兴河,2009.油气储层地质学基础[M].北京:石油工业出版社.

袁静,赵澄林,2000.水介质的化学性质和流动方式对深部碎屑岩储层成岩作用的影响[J].石油大学学报(自然科学版),24(1):60-63.

袁政文,1993.东濮凹陷低渗致密砂岩成因与深层气勘探[J].石油与天然气地质,14(1):14-22.

张国生,赵文智,杨涛,等,2012.我国致密砂岩气资源潜力、分布与未来发展地位[J].中国工程科学,14(6):87-93.

张顾悦,孙卫,尹红佳,等,2014.低渗透储层核磁共振可动流体研究:以姬塬地区长 6 储层为例[J].石油化工应用,33(8):42-47.

张瑞,2014.致密气砂岩气水相渗特征研究:以苏东南地区盒 8 段储层为例[D].西安:西北大学.

张哨楠,2008.致密天然气砂岩储层:成因和讨论[J].石油与天然气地质,29(1):1-10.

赵峰,唐洪明,李玉光,等,2011.致密砂岩气藏损害特征及评价技术[J].钻采工艺,34(5):47-51.

郑浚茂,应凤祥,1997.煤系地层(酸性水介质)的砂岩储层特征及成岩模式[J].石油学报,18(4):19-24.

郑荣才,柳梅青,1999.鄂尔多斯盆地长6油层组古盐度研究[J].石油与天然气地质,20(1):20-25.

朱洪林,2014.低渗砂岩储层孔隙结构表征及应用研究[D].成都:西南石油大学.

朱维耀,鞠岩,赵明,等,2002.低渗透裂缝性砂岩油藏多孔介质渗吸机理研究[J].石油学报,23(6):56-59.

朱筱敏,赵东娜,曾洪流,等,2013.松辽盆地齐家地区青山口组浅水三角洲沉积特征及其地震沉积学响应[J].沉积学报,31(5):889-897.

AMOTT E,1959. Observations relating to the wettability of porous rock[J]. Transactions of the AIME,216(1):156-162.

ANDERSON W G,1986. Wettability literature survey- part 1:rock/oil/brine interactions and the effects of core handling on wettability[J]. Journal of Petroleum Technology,38(10):1125-1144.

ARSALAN N, PALAYANGODA S S, BURNETT D J, et al,2013. Surface energy characterization of sandstone rocks[J]. Journal of Physics and Chemistry of Solids,74(8):1069-1077.

BASU S, SHARMA M M, 1997. Investigating the role of crude-oil components on wettability alteration using atomic force microscopy[C]//All Days. February 18-21,1997. Houston,Texas. SPE.

BELLANCA A,MASETTI D,Neri R,1997. Rare earth elements in limestone/marlstone couplets from the Albian-Cenomanian Cismon section (Venetian region,northern Italy): assessing REE sensitivity to environmental changes[J]. Chemical Geology,141(3/4):141-152.

BERRY W B N,WILDE P,1978. Progressive ventilation of the oceans:an explanation for the distribution of the lower Paleozoic black shales[J]. American Journal of Science,278(3):257-275.

BONN D, EGGERS J, INDEKEU J, et al,2009. Wetting and spreading[J]. Reviews of Modern Physics,81(2):739-805.

BROWN R J S,FATT I,1956. Measurements of fractional wettability of oil fields' rocks by the nuclear magnetic relaxation method[C]//All Days. October 14-17,1956. Los Angeles,California. SPE.

BUCKLEY J S,LIU Y,MONSTERLEET S,1998. Mechanisms of wetting alteration by crude oils[J]. SPE Journal,3(1):54-61.

CAUSIN E,BONA N,1994. In-situ wettability determination:field data analysis[C]//All Days. October 25-27,1994. London,United Kingdom. SPE:189-198.

CHEN T Q, GUESTRIN C, 2016. XGBoost:a scalable tree boosting system[C]// Proceedings of the 22th ACM SIGKDD International Conference on Knowledge Discovery and Data Mining. August 13-17,2016,San Francisco,California,USA. New York:ACM:785-794.

CHURAEV N V,1988. Wetting films and wetting[J]. Revue De Physique Appliquée,23

(6):975-987.

CUIEC L E,1975. Restoration of the natural state of core samples[C]//All Days. September 28-October 1,1975. Dallas,Texas. SPE.

DIXIT A B,BUCKLEY J S,MCDOUGALL S R,et al,2000. Empirical measures of wettability in porous media and the relationship between them derived from pore-scale modelling[J]. Transport in Porous Media,40(1):27-54.

DONALDSON E C,THOMAS R D,LORENZ P B,1969. Wettability determination and its effect on recovery efficiency[J]. Society of Petroleum Engineers Journal,9(1):13-20.

DRUMMOND C,ISRAELACHVILI J,2002. Surface forces and wettability[J]. Journal of Petroleum Science and Engineering,33(1/2/3):123-133.

ELDERFIELD H,GREAVES M J,1982. The rare earth elements in seawater[J]. Nature,296(5854):214-219.

GRIBANOVA E V, 1992. Dynamic contact angles: temperature dependence and the influence of the state of the adsorption film[J]. Advances in Colloid and Interface Science,39:235-255.

GUAN H,BROUGHAM D,SORBIE K S,et al,2002. Wettability effects in a sandstone reservoir and outcrop cores from NMR relaxation time distributions[J]. Journal of Petroleum Science and Engineering,34(1/2/3/4):35-54.

HOEILAND S,BARTH T,BLOKHUS A M,et al,2001. The effect of crude oil acid fractions on wettability as studied by interfacial tension and contact angles[J]. Journal of Petroleum Science and Engineering,30(2):91-103.

ISRAELACHVILI J N,PASHLEY R M,1983. Molecular layering of water at surfaces and origin of repulsive hydration forces[J]. Nature,306(5940):249-250.

JIANG L,WANG R,YANG B,et al,2000. Binary cooperative complementary nanoscale interfacial materials[J]. Pure and Applied Chemistry,72(1/2):73-81.

JONES B,MANNING D A C,1994. Comparison of geochemical indices used for the interpretation of palaeoredox conditions in ancient mudstones[J]. Chemical Geology,111(1/2/3/4):111-129.

JUNG J W,WAN J M. Supercritical CO_2 and ionic strength effects on wettability of silica surfaces:equilibrium contact angle measurements[J]. Energy & Fuels,2012,26(9):6053-6059.

KAMINSKY R,RADKE C J,1998. Water films,asphaltenes,and wettability alteration[R]. Lawrence Berkeley Lab.,CA (United States)

KIM Y,WAN J M,KNEAFSEY T J,et al,2012. Dewetting of silica surfaces upon reactions with supercritical CO_2 and brine:pore-scale studies in micromodels[J]. Environmental Science & Technology,46(7):4228-4235.

KIMURA H,WATANABE Y,2001. Oceanic anoxia at the Precambrian-Cambrian boundary[J]. Geology,29(11):995.

KOLEINI M M,MEHRABAN M F,AYATOLLAHI S,2018. Effects of low salinity water on calcite/brine interface: a molecular dynamics simulation study[J]. Colloids and Surfaces A: Physicochemical and Engineering Aspects,537:61-68.

LAGER A,WEBB K J,COLLINS I R,et al,2008. LoSal^{TM} enhanced oil recovery: evidence of enhanced oil recovery at the reservoir scale[C]//All Days. April 20-23,2008. Tulsa, Oklahoma,USA. SPE.

LAW B E,1986. Geologic characterization of low-permeability gas reservoirs in selected wells greater green river basin, Wyoming Colorado, and Utah[J]. AAPG Studies in Geology,24:253-269.

LEI B,QIN Y,GAO D,et al,2012. Vertical diversity of coalbed methane content and its geological controls in the Qingshan syncline, western Guizhou Province, China[J]. Energy Exploration & Exploitation,30(1):43-57.

LERMAN A,BACCINI P,1978. Lakes-chemistry,Geology,Physic[J]. Journal of Geology, 88(2):249-250.

LIN M Q,HUA Z,LI M Y,2018. Surface wettability control of reservoir rocks by brine [J]. Petroleum Exploration and Development,45(1):145-153.

LIU Y,MUTAILIPU M,JIANG L L,et al,2015. Interfacial tension and contact angle measurements for the evaluation of CO_2-brine two-phase flow characteristics in porous media[J]. Environmental Progress & Sustainable Energy,34(6):1756-1762.

LOOYESTIJN W, HOFMAN J, 2006. Wettability-index determination by nuclear magnetic resonance[J]. SPE Reservoir Evaluation & Engineering,9(2):146-153.

MA S M,ZHANG X,MORROW N R,et al,1999. Characterization of wettability from spontaneous imbibition measurements[J]. Journal of Canadian Petroleum Technology,38 (13):1-8.

MAHANI H,SOROP T G,LIGTHELM D,et al,2011. Analysis of field responses to low-salinity waterflooding in secondary and tertiary mode in Syria[C]//All Days. May 23-26, 2011. Vienna,Austria. SPE.

MAZUMDAR A,BANERJEE D M,SCHIDLOWSKI M,et al,1999. Rare-earth elements and stable isotope geochemistry of early Cambrian chert-phosphorite assemblages from the Lower Tal Formation of the Krol Belt (Lesser Himalaya, India)[J]. Chemical Geology,156(1/2/3/4):275-297.

MORROW N R,1970. Physics and thermodynamics of capillary action in porous media [J]. Industrial & Engineering Chemistry,62(6):32-56.

MORROW N R,1990. Wettability and its effect on oil recovery[J]. Journal of Petroleum Technology,42(12):1476-1484.

MORROW R, MA S, ZHOU X, et al, 1999. Characterization of wettability from spontaneous imbibition measurements[J]. Journal of Canadian Petroleum Technology,38 (13):94-99.

MUKUL R,1985. Rare earth element geochemistry of Australian Paleozoic graywackes and mudrocks: Provenance and tectonic control[J]. Sedimentary Geology, 45 (1/2):

97-113.

MUSTER T H, PRESTIDGE C A, HAYES R A, 2001. Water adsorption kinetics and contact angles of silica particles[J]. Colloids and Surfaces A: Physicochemical and Engineering Aspects,176(2/3):253-266.

NASRALLA R A, NASR-EL-DIN H A, 2014. Double-layer expansion: is it a primary mechanism of improved oil recovery by low-salinity waterflooding? [J]. SPE Reservoir Evaluation & Engineering,17(1):49-59.

OWENS W W, ARCHER D L, 1971. The effect of rock wettability on oil-water relative permeability relationships[J]. Journal of Petroleum Technology,23(7):873-878.

PAPIRER E,2000. Adsorption on silica surfaces[M]. New York:Marcek Dekker:217-220.

PASHLEY R M, 1981. DLVO and hydration forces between mica surfaces in Li^+, Na^+, K^+, and Cs^+ electrolyte solutions: a correlation of double-layer and hydration forces with surface cation exchange properties[J]. Journal of Colloid and Interface Science,83(2): 531-546.

SASTRE D V, 2004. The concept of ionic strength eighty years after its introduction in chemistry[J]. Journal of Chemical Education,81(5):750.

SEFIANE K, SHANAHAN M E, ANTONI M, 2011. Wetting and phase change: opportunities and challenges[J]. Current Opinion in Colloid & Interface Science,16(4): 317-325.

SHANG J,FLURY M,HARSH J B,et al,2010. Contact angles of aluminosilicate clays as affected by relative humidity and exchangeable cations[J]. Colloids and Surfaces A: Physicochemical and Engineering Aspects,353(1):1-9.

SKRETTINGLAND K,HOLT T,TWEHEYO M T T,et al,2011. Snorre low-salinity-water injection: coreflooding experiments and single-well field pilot[J]. SPE Reservoir Evaluation & Engineering,14(2):182-192.

SPENCER C W S, 1989. Review of characteristics of low-permeability gas reservoirs in western United States[J]. AAPG Bulletin,73:613-629.

TANG G Q,MORROW N R,1997. Salinity,temperature,oil composition,and oil recovery by waterflooding[J]. SPE Reservoir Engineering,12(4):269-276.

TAYLOR S R, MCLENNAN S M, 1985. The continental crust: its composition and evolution:an examination of the geochemical record preserved in sedimentary rocks[M]. Oxford:Blackwell Scientific.

TOKUNAGA T K, 2012. DLVO-based estimates of adsorbed water film thicknesses in geologic CO2 reservoirs[J]. Langmuir,28(21):8001-8009.

TRIBOVILLARD N,ALGEO T J,LYONS T,et al,2006. Trace metals as paleoredox and paleoproductivity proxies:an update[J]. Chemical Geology,232(1/2):12-32.

VAN OSS C J, 2006. Interfacial forces in aqueous media[M]. 2nd ed. Boca Raton,FL: CRC/Taylor & Francis.

VLEDDER P,FONSECA J C,WELLS T,et al,2010. Low salinity water flooding:proof of wettability alteration on A field wide scale[C]//All Days. April 24-28, 2010. Tulsa, Oklahoma, USA. SPE.

WALKER C T, PRICE N B, 1963. Departure curves for computing paleosalinity from boron in illites and shales[J]. AAPG Bulletin, 47(5): 833-841.

WALLS J D, 1982. Tight gas sands-permeability, pore structure, and clay[J]. Journal of Petroleum Technology, 34(11): 2708-2714.

WANG F H L, 1988. Effect of wettability alteration on water/oil relative permeability, dispersion, and flowable saturation in porous media[J]. SPE Reservoir Engineering, 3 (2): 617-628.

YUE H, 2000. Solution chemistry of flotation separation of diaspore-type bauxite (I) crystal structure and floatability[J]. Mining and Metallurgical Engineering, 20(2): 11-14.

Zhao H, LI M Y, NI X X, et al, 2016. Effect of injection brine composition on wettability and oil recovery in sandstone reservoirs[J]. Fuel, 182: 687-695.

ZHAO Y, SU H, FANG L, et al, 2005. Superabsorbent hydrogels from poly(aspartic acid) with salt-, temperature- and pH-responsiveness properties [J]. Polymer, 46 (14): 5368-5376.

ZOU C, YANG Z, HE D, et al, 2018. Theory, technology and prospects of conventional and unconventional natural gas[J]. Petroleum Exploration and Development, 45(4): 604-618.